Ernst Buresch

Die schmalsprige Eisenbahn von Ocholt nach Westerstede

Technik Verlag

Ernst Buresch

Die schmalsprige Eisenbahn von Ocholt nach Westerstede

ISBN/EAN: 9783944351032

Auflage: 1

Erscheinungsjahr: 2013

Erscheinungsort: Bremen, Deutschland

Vorwort.

Seit lange von der Ueberzeugung beseelt, dass das Eisen als Wegematerial zusammen mit dem Dampf als Bewegkraft auf demselben, einer viel ausgedehnteren Anwendung fähig sei als beide in den seither gebräuchlichen Eisenbahnen gefunden haben, wendete der Verfasser dieses den sogenannten Secundär — richtiger wohl: Lokalbahnen, seit Jahren eine besondere Aufmerksamkeit zu. Wie als früheres Mitglied der technischen Kommission des Vereins deutscher Eisenbahn-Verwaltungen ihm vergönnt war: bei den bezüglichen Arbeiten dieser Kommission thätig mitzuwirken, ebenso hat er auch nicht unterlassen, der zeither über solche Bahnen erwachsenen Special-Literatur zu folgen, welche das täglich mehr und mehr erkannte Bedürfniss der Verbesserung der Verkehrsverhältnisse auf Nebenlinien ungewöhnlich rasch hervorgerufen hat.

Wie dort den verschiedensten Ansichten und Auffassungen, so ist er hier den mannigfachsten und widerstreitendsten Auseinandersetzungen und Vorschlägen begegnet und öfter in Versuchung gewesen: in

der Sache das Wort zu nehmen. Zwei Umstände
haben denselben bisher davon abgehalten; einestheils
musste man sich sagen, dass, nachdem die höchste
Fach-Autorität in den Ländern deutscher Zunge, die
technische Kommission des Vereins deutscher Eisenbahn-Verwaltungen, durch die von
letzterem angenommenen und dadurch gewissermassen
sanktionirten „Grundzüge für die Gestaltung der sekundären Eisenbahnen" etc. in der Sache bereits gesprochen
hatte — eine Unterstützung der in dem angeführten
quasi Gesetzbuche niedergelegten Grundsätze die Sache
ebenso wenig weiter fördern könne als ein abfälli-
ges Urtheil dieselben zu entkräften vermöge; anderntheils war es die Erwägung: dass in Betreff aller übrigen
zahlreichen Vorschläge und aufgestellten neuen Systeme
immer nur Ansicht gegen Ansicht stehen würde,
wodurch die, auf dem Papiere überhaupt nicht zu
erledigende Sache in keiner Weise weiter gebracht
werden könne.

Noch umsomehr hat der Verfasser geglaubt mit
seinen persönlichen Ansichten zurückhalten zu sollen
als demselben die Aussicht sich bot eine Lokalbahn
in's Leben zu rufen, bei deren Ausführung seine Ansichten zur Geltung und zugleich deren Werth zu
thatsächlicher Würdigung zu bringen dann ihm vergönnt sein würde.

Durch die Ungunst der Zeitverhältnisse und durch
andere wichtigere Berufsgeschäfte durch Jahre aufge-
halten, ist die Lokalbahn Ocholt-Westerstede
nun endlich im Laufe des abeilenden Jahres in's Leben

getreten und seit mehreren Monaten in regelmässigem Betriebe.

Indem der Verfasser in dem Folgenden das erste Ergebniss seiner Arbeiten auf diesem neuen Felde, der Oeffentlichkeit übergibt, glaubt er damit einestheils nur einer schuldigen Verpflichtung gegen seine auf gleichem Gebiete thätigen Fachgenossen, namentlich aber gegen die geehrte technische Vereins-Kommission sich zu entledigen, anderntheils aber auch dem Gemeinwesen einen, wenn auch nur kleinen, Dienst zu leisten.

Für den Fall, dass dem geehrten Leser die Behandlung des Stoffes in diesem Separatabdrucke als für eine wissenschaftliche Arbeit zu eingehend und weitläufig erscheinen sollte, möge die Bemerkung gestattet sein: dass der Verfasser einestheils um den vielen aus den verschiedensten Kreisen und Gegenden an ihn ergangenen Anfragen etc., wie er wünschte, gerecht zu werden, die gewählte Darstellung für die zweckentsprechendste hielt, — und anderntheils: dass die Möglichkeit billiger Herstellung von Eisenbahnen viel weniger in der Aufstellung von Grundsätzen und Systemen als in sorgfältig vorerwogener und bis in alle Einzelheiten durchgeführter Projektirung so wie in minutiöser unter steter Rücksicht auf die grösstmögliche Sparsamkeit bewirkter Ausführung solcher Projekte, also in Bedingungen liegt, von welchen mehr oder weniger absehen zu können, die Eisenbahnen in der Neuzeit vielfach, wo nicht gemeint, so doch stark versucht sind.

Möge die vorliegende Arbeit eine freundliche Aufnahme und wohlwollende Beurtheilung finden und möge sie zugleich dazu beitragen: diese hochwichtige Aufgabe der Eisenbahn-Technik ihrer Lösung etwas näher zu bringen.

Oldenburg, Weihnachten 1876.

Der Verfasser.

Inhalt.

VIII

Verzeichniss und Numerirung der Zeichnungs-Anlagen.

Blatt 1) Topographische Situation.

   „ 2) Situation und Längenprofil.

   „ 3) Grundpläne der Bahnhöfe.

   „ 4) Konstruktionen, Oberbau etc.

   „ 5) Hochbauten zu Ocholt.

   „ 6) Dergleichen zu Westerstede.

   „ 7) Betriebsmaterial, Maschinen.

   „ 8) „   Personenwagen.

   „ 9) „   Güterwagen, bedeckter.

  „ 10) „   desgleichen, offener.

1) Einleitung.

Vor dem Bestehen der Eisenbahnverbindung Hannover-
Minden-Osnabrück-Rheine-Lingen-Leer-Emden bildete
die Chaussee von Bremen über Oldenburg, Zwischenahn,
Westerstede, Remels und Hesel einerseits nach Aurich
und andererseits nach Leer die Hauptverbindung zwischen
der Stadt Hannover und dem nördlichen Theile des
Königreichs, sowie zwischen Hamburg, Bremen und
Oldenburg mit Ostfriesland und den reichen nordöstlichen
Provinzen der Niederlande. Mit der am 22. Juni 1856
erfolgten Eröffnung der Eisenbahn Minden-Osnabrück-
Rheine-Emden in ihrer ganzen Länge wandte sich ein
grosser Theil des Hannover-Ostfriesisch-Niederländischen
Verkehrs dieser Bahnlinie zu, ging also der oben-
erwähnten Chaussee durch Oldenburg verloren.

Als der Oldenburg'sche Staat dann im Jahre 1866,
etwa gleichzeitig mit dem Fertigwerden der Bahn Bremen-
Oldenburg, an die Frage der Fortsetzung dieser Bahn
nach Leer herantrat, fand sich sehr bald, wie dieselbe, in
Anbetracht des Umstandes, dass es hier nicht um eine Lo-
kal- oder Provinzialbahn zwischen Oldenburg und Leer,
sondern um eine internationale Verbindung von Nord-
westdeutschland mit den Niederlanden (Hamburg-Bre-
men - Groningen - Harlingen etc.) sich handelte, — füglich
nicht anders als in der möglichst geraden Richtung ausgeführt werden könne, ungeachtet des Umstandes, dass die
Bahn dabei die weitgedehnten Inundationsgebiete der Ne-
benflüsse der Leda (Ems) durchschneiden musste, welche
die seit längerer Zeit bestehende Chaussee aus technischen Gründen mit einem grossen Bogen gegen Norden
umging. Während diese Chausseeverbindung zwischen

1

Oldenburg und Leer eine Länge von etwa 66^{Km} hatte, bekam die in der neuen Richtung Zwischenahn, Ocholt, Apen, Detern, Stickhausen und Nortmoor projektirte Bahnlinie zwischen Oldenburg und Leer nur eine Länge von 55^{Km} und wurde deshalb auch für die Ausführung gewählt, obgleich man schon damals die Folgen nicht *Nothwendigkeit der Veränderung der Verkehrs-richtung.* verkannte, welche das Verlassen des alten Verkehrsweges voraussichtlich haben würde. Mehrfacher Vorstellungen der an der Strasse liegenden Gemeinden ungeachtet verblieb es bei der getroffenen Wahl, einmal, weil man theils der Kosten-Ersparung wegen, theils in Anbetracht der internationalen Bedeutung der Bahn die erheblich kürzere Linie für die richtige hielt und sodann weil man von der Ansicht ausging: dass man der durch die Bahn der von derselben durchzogenen, bisher ganz verbindungslosen Landschaft ein neues Kultur-Element, — dessen dieselbe dringend bedurfte, — zuführen könne, während die Umgebung der alten Chaussee ihren früheren Verkehrsweg behielt.

Schädigung der Anwohner der alten Strasse. Die von den Anwohnern der Chaussee gefürchtete Beeinträchtigung ihres Erwerbes liess dann auch nach der am 15. Junius 1869 erfolgten Eröffnung der Bahn Oldenburg-Leer nicht lange auf sich warten. Namentlich musste das weit abseits der Bahn liegen gebliebene Städtchen Westerstede (ca. 1700 Einwohner, der Haupt- und Amts-Ort der Landschaft „Ammerland") bald erkennen, dass mit der Einstellung der früher 2maligen Postverbindung und mit dem Aufhören des übrigen Reise- und des Frachtverkehres auf der Strasse, ein wesentliches Lebenselement ihm genommen sei; der Wohlstand der Bewohner ging merklich zurück. Bezügliche Vorstellungen bei der Regierung waren deshalb ebenso begreiflich als Abhülfe des unleugbaren Missstandes wünschenswerth.

Ausgleichung d. Nachtheile durch eine Zweig-Eisenbahn. Unter den nach und nach auftauchenden Plänen zur Herbeiführung besserer Zustände wurde die Idee einer Schienen-Verbindung des Städtchens mit der

Oldenburg-Leer'r Eisenbahn energisch ergriffen und nachhaltig verfolgt.

Das Ziel der ersten Pläne war aus naheliegenden Gründen, eine sogenannte Pferdebahn, ein Projekt, welchem der Verfasser dieses sofort als dasselbe ihm vorgelegt wurde, seine Beistimmung versagen zu müssen glaubte, indem er dafür hielt, dass, nachdem Westerstede mit zwei Stationen der Staatsbahn, Zwischenahn und Apen, Chaussee-Verbindung besass, eine Pferdebahn weder die Verkehrs-Verhältnisse erheblich zu verbessern noch auch einen erträglichen finanziellen Erfolg zu liefern geeignet sei, während seiner Ansicht nach ersteres von einer Lokomotiv-bahn sicher und letzteres wenigstens bis zu einem gewissen Grade mit einiger Wahrscheinlichkeit erwartet werden dürfe.

Nachdem die zunächst Betheiligten — ein zu Westerstede zusammengetretenes Comité — mit dieser Idee sich befreundet hatten, wurde vom Verfasser ein generelles Projekt und ein aus dem Anfange des Jahres 1872 datirender Kosten-Ueberschlag, für eine Lokomotivbahn von $0{,}75^{m}$ Spurweite nebst gesammter Ausrüstung aufgestellt, welcher mit der Summe von rund 195000 Mark abschloss, — während die Roheinnahmen der Bahn gleichzeitig zu 16425 Mark und die Betriebskosten derselben zu 9000 Mark pro Jahr veranschlagt worden.

Das ermittelte Anlage-Kapital musste allerdings der Art hoch erscheinen, dass an das Aufbringen desselben lediglich in den betheiligten Kreisen, nicht gedacht werden konnte. Gleichwohl ging das Comité kräftig an's Werk und war bereits im Herbste desselben Jahres in der Lage bei der Grossherzoglichen Staats-Regierung den Nachweis über eine durch Aktien, Prioritäten und Gemeinde-Subvention zusammengebrachte verfügbare Summe von 105000 Mark liefern und um eine Staats-Subvention zum Betrage des Restbedarfes von 90000 Mark bitten, auch sein Ansuchen durch ein begleitendes, mit ebensoviel Umsicht als Geschick und Verständniss der vorliegenden Aufgabe von einem der Comité-Mitglieder verfasstes Memorial unterstützen zu können.

Sachverständigen-Gutachten. Dieses Gesuch gab dem damaligen Herrn Minister des Innern, Veranlassung, das Gutachten des Verfassers in der Angelegenheit zu fordern, welches von demselben dann unter'm 29. November 1872 auch erstattet wurde.

Da dasselbe geeignet erscheint die Auffassung und die Ansichten darzulegen, welche bei der Verwaltung, der anzugehören der Verfasser die Ehre hat, über die fragliche Angelegenheit bestanden, und auch heut noch bestehen, so wird dieses Gutachten vielleicht nicht ohne Interesse sein und soll deshalb hier folgen.

Seiner Excellenz
dem Herrn Minister etc. etc.

Oldenburg.

Bei Rücksendung des mit Ew. Excellenz Randverfügung vom 20. November mir zugegangenen Gesuchs des Comités für Erbauung einer Eisenbahn von Ocholt nach Westerstede, d. d. Westerstede 1872, November 18, verfehle ich nicht das geforderte Gutachten in Nachfolgendem abzugeben.

Wie Ew. Excellenz aus den mit vorgelegten Aktenstücken ersehen wollen, habe ich für das fragliche Unternehmen bereits früher mich interessirt, allerdings zu einer Zeit als die Preise aller Materialien und Arbeiten, deren eine Eisenbahn bedarf, die jetzige exorbitante Höhe noch nicht erreicht hatten. Es ist deshalb zweifelhaft, ob heut noch mit der damals für die fragliche Bahn ermittelten Kostensumme auszukommen sein werde.

Da indess die Hoffnung nicht aufzugeben ist, dass die Verhältnisse einmal wieder zum Besseren sich wenden werden, und da ferner der Augenblick auch in anderer Beziehung einem solchen Unternehmen kaum günstig sein dürfte, also einiger Aufschub ohnedies sich empfehlen möchte, so dürfte dem Kostenpunkte für den Augenblick eine entscheidende Bedeutung nicht beizumessen sein.

Was nun die Principienfrage: die Möglichkeit von Eisenbahnen in Fällen der hier fraglichen Art betrifft, so kann ich dieselbe nicht bezweifeln. Es stehen derselben weder physische Unmöglichkeiten entgegen, noch liegen in der Sache selbst Gründe, welche die Lösung der Aufgabe unthunlich erscheinen lassen.

Ebenso wie das armselige Eselgefährt neben dem wuchtigen Frachtwagen und der stolzen Staats-Karosse seit vielen Jahrhunderten besteht, auch die ihm gebührende Stelle im Transportwesen immer behaupten wird, ebenso werden demnächst die vielartigsten Vehikel unter sehr von einander abweichenden Umständen mittelst der Dampfkraft auf Schienen bewegt und für die verschiedensten Formen des Transportwesens nutzbar gemacht werden.

Dass das nicht heut schon geschieht, hat, scheint mir, seinen Grund theils in dem mangelnden Verständniss und Geschick, welches wir, — Ingenieure wie Publikum — der Aufgabe entgegenbringen, theils aber auch in dem Umstande, dass wir, geblendet von dem glänzenden, fast möchte man sagen zauberischen Lichte der Erscheinung, in welcher das heutige Eisenbahnwesen uns entgegentritt, alles Andere auf diesem Gebiete gering achten, ja kaum der Berücksichtigung werth halten, etwa ebenso wie vordem Coachman und Passagier der Royal Mail, wenn letztere unter dem Blasen des Lärmhorns Dörfer und Städte durchraste, den Eselkarren des betriebsamen Handels-Mannes wie das stattliche Ochsengespann des schaffenden Landbauers als bejammerungswürdige Institutionen anzusehen pflegte.

Dass das Eisenbahnwesen den umgekehrten Entwickelungsgang nahm wie das Strassenfuhrwerk, liegt lediglich in dem Umstande, dass ersteres erfunden wurde, auch erst erfunden werden konnte, nachdem die Leistungsfähigkeit des durch thierische Kraft auf der Kunststrasse bewegten Fuhrwerkes erschöpft war, es also um die Bewältigung der grössten Massen sich handelte.

Jetzt, nachdem dieser Punkt meistens überwunden ist, das heisst, nachdem diejenigen Linien ausgebaut sind, welche wegen ihres Verkehrs den gewaltigen Apparat erfordern, mit welchem das heut gebräuchliche Eisenbahnsystem fast fertig in die Erscheinung trat, und

nachdem man ferner die ungeheuren Vortheile, welche principiell in der grösseren Geschwindigkeit des Eisenbahntransportes liegen, täglich mehr erkennt und richtiger würdigen lernt,

jetzt dürfte nun auch die Zeit der Ernüchterung von dem Rausche gekommen sein, mit welchem die titanische Erscheinung der Eisenbahnen die ganze civilisirte Welt überschüttet hat; derselbe muss und wird bald aufhören. Schon jetzt treten die Anzeichen davon hervor und mehren sich täglich; ein unzweifelhafter Beweis dafür ist der Ernst, mit welchem der Verein deutscher Eisenbahn-Verwaltungen die Frage der vereinfachten Eisenbahnen in neuerer Zeit aufgenommen hat und der Eifer, mit welchem die technische Kommission dieses Vereins an die Klarstellung der Aufgabe gegangen ist.

Wenn zwar nun die Praxis schon mehre, grossentheils auch gelungene Beispiele sogenannter secundären Eisenbahnen geliefert hat, so bleibt doch, wie nicht zu verkennen ist, ein wichtiger Theil der Aufgabe noch zu lösen, nämlich: die praktische Anwendung des Eisenbahntransportes auf verhältnissmässig kleinere Verkehre, also auf Fälle wie ein solcher bei Ocholt-Westerstede vorliegt.

Dass die Frage: ob hier eine rentable Bahn möglich ist? anders als im Wege des Experiments zu beantworten sei, bezweifle ich, nicht aber die Möglichkeit des Gelingens, wenn ich auch bei den vielen Faktoren, von welchen dasselbe abhängt und namentlich bei der Tragweite, welche die Personalfrage in einem solchen Falle hat, über den Wahrscheinlichkeitsgrad eine Ansicht kaum aussprechen kann.

Mag es danach nun immerhin bedenklich sein, dem fraglichen Unternehmen die beantragte staatliche Subvention zu gewähren, so dürfte doch auch zu berücksichtigen sein, dass demselben noch eine andere als die rein lokale Bedeutung beizumessen ist, insofern als es im Oldenburger Lande mehrere und auch weitausgedehnte Distrikte gibt, welche nach Lage, Bodenbeschaffenheit etc. eine Verkehrslinie nach Art der jetzigen Staats-Eisenbahnen nie bekommen werden, welchen aber durch verbesserte Kommunikationen ganz erheblich aufgeholfen werden könnte.

Es dürften dahin sicher ebensowohl die nördlichen Marsch- als die südlichen weiten Haide- und Moor-Distrikte zu rechnen sein, in welchen der Bau einigermaassen praktikabler Landstrassen nahezu eben so theuer, stellenweise sogar noch höher zu stehen kommt, als der von schmalspurigen Eisenbahnen.

Ob und in wie weit nun solche Eisenbahnen eine Landstrasse (Chaussee, im Gegensatz zu Eisenstrasse) zu ersetzen vermögen? steht zwar, namentlich wegen bisher mangelnder Erfahrungen noch nicht fest, doch hält man es nicht für unmöglich und bin ich für meinen Theil der Ansicht, dass ein Versuch hierüber viel sicherer entscheiden wird als alles Argumentiren.

Diese Ansicht wird auch von dem Chef unseres Strassenbauwesens getheilt, mit welchem ich dies Thema in allen Richtungen vielfach besprochen habe, und welcher für seine Anschauung gewiss mit Recht darauf hinweist: wie grosse Summen Staat und Kommunen auf die Anlage von Landstrassen schon verwendet und noch zu verwenden haben und zwar nicht allein ohne jede Aussicht auf Wieder-Realisirbarkeit oder auf irgend einen, selbst des geringsten Zinsertrag, sondern sogar noch mit der, meistens unzweifelhaften Sicherheit: nicht unerheblicher jährlicher Zuschüsse zur laufenden Unterhaltung.

Es wird deshalb gewiss mit einiger Berechtigung gesagt werden dürfen, dass eine Eisenbahn, selbst wenn sie keine Zinsen des Anlagekapitals liefert, dieses also wie bei den Chausseen à fonds perdu geschrieben werden muss, wirthschaftlich doch immer noch vortheilhafter sein kann als eine Landstrasse, wenn erstere nämlich nur ihre Betriebskosten (die Unterhaltung eingeschlossen) aufbringt, was in den meisten Fällen, wo die Anlage einer Bahn überhaupt in Frage kommen kann, bei verständiger Wirthschaft doch wohl erwartet werden darf.

Wird nun, wie wahrscheinlich, auch noch zugestanden werden müssen, dass eine täglich 2—3mal fahrende Eisenbahn ein sehr viel intensiveres Mittel zur Belebung des Verkehres ist als eine Landstrasse, welche nur den Weg und nicht zugleich auch das Vehikel liefert, so wird der Idee: an Stelle der Landstrassen Eisenbahnen zu erbauen, da wo die Anlagekosten derselben kaum verschieden sind, die Berechtigung, vielleicht sogar eine grosse volkswirthschaftliche Tragweite wohl kaum abgesprochen werden können.

Eben in Rücksicht hierauf nun halte ich das Projekt einer Ocholt-Westersteder Eisenbahn für ein sehr beachtenswerthes; diese Bahn wird event. der Probirstein für weitergehende Pläne von möglicherweise grosser Bedeutung für das Oldenburger Land sein.

Was das Westersteder Gesuch in fast durchweg als zutreffend zu bezeichnender Auffassung und verständiger Darstellung sagt, ist gewiss in vielen Punkten sehr zu berücksichtigen; namentlich aber ist meines Erachtens anzuerkennen, was Gemeinde und Private für die Sache thun wollen.

Stehen nun der Gewährung der erbetenen Subvention, ohne welche die Bahn allerdings wohl kaum zu Stande kommen kann, nicht etwa staatliche Bedenken mir unbekannter Art entgegen, und vermag der Staatshaushalt die erforderlichen Mittel zu liefern, ohne dass Verlegenheiten oder andere Schwierigkeiten entstehen, wenn die fragliche Summe ganz ertragslos bleibt und à fonds perdu gerechnet werden muss, so halte ich die geforderte Summe für nicht zu hoch um an das fragliche Experiment gewagt zu werden.

Dass die Verwaltung des Unternehmens für Rechnung der Gesellschaft in die Hände der Direktion der Staats-Eisenbahnen gelegt werde, ist wohl richtig, doch halte ich daneben für zweckmässig, dass der Gesellschaft eine gewisse Einwirkung auf die Verwaltung belassen werde, da ohne solche das Richtige leicht verfehlt werden könnte, indem der Maassstab, in welchem die Staats-Eisenbahn-Verwaltung zu arbeiten gewohnt ist, weil zu gross, für solche Unternehmungen ohne Weiteres nicht passt.

Die Bedingungen der etwa zu gewährenden Konzession würden die gewöhnlichen sein, zugleich aber die Bestimmung zu enthalten haben, dass nach Befriedigung der Prioritäten auch der Staat mit seiner Subvention neben dem Aktien-Kapitale, event. auch neben der Gemeinde-Subvention in sofort näher zu bestimmender Weise am Gewinn Theil nimmt.

Oldenburg 1872, November 29.

Gehorsamst etc.

Staatssubvention.

Auf Grund dieses Gutachtens wurde dann von der Grossherzoglichen Regierung das Projekt der Bahn gebilligt, die Gewährung einer Subvention von 90000 Mark beim Landtage des Grossherzogthums beantragt und solche von demselben am 11. März 1873 unter den weiter unten folgenden Modalitäten bewilligt.

Ungünstige Zeitverhältnisse für die Ausführung.

Inzwischen hatten die im Eingange des Gutachtens erwähnten für die Bau-Ausführung misslichen Zeitverhältnisse keineswegs sich geändert, alle Preise und Löhne hatten eine nie dagewesene Höhe, so dass eine Revision des Kostenanschlages stattfinden musste,

Vermehrung des Baukapitals.

welche die Endsumme desselben zu 223800 Mark als mindestens erforderlichen Kostenbetrag ergab. Sollte nun wirklich zu der Ausführung des Baues geschritten werden, so war eine Erhöhung des früher in Aussicht genommenen Gesellschafts-Kapitals bis auf diese Summe unvermeidlich. Aber auch der Mehrbedarf wurde von den Interessenten, welche das einmal soweit gebrachte Unternehmen nahe am Ziele nicht fallen lassen wollten, durch Erhöhung des Aktien- und Prioritäts-Aktien-Kapitals zusammengebracht, so dass dasselbe nun wie folgt sich zusammensetzt:

Höhe und Zusammensetzung des Baukapitals.

1) 45000 Mark durch 150 Prioritätsaktien Litt. A. zu je 300 Mark, zu deren Verzinsung mit jährlich 5% das nach Deckung der Betriebskosten und Ausstattung des Reservefonds verbleibende Reinerträgniss zunächst zu verwenden ist,

2) 58800 „ durch 196 Stammaktien Litt. B. zu je 300 Mark, denen eine Dividende erst dann zusteht, nachdem die Prioritäts-Aktien 5% und die unter Ziffer 4 erwähnte garantirte Anleihe ihre Verzinsung von $4\frac{1}{2}\%$ aus den Reinerträgnissen erhalten haben,

3) 30000 „ durch Zuschuss der Gemeinde Westerstede à fonds perdu,

4) 90000 Mark durch eine Anleihe, für welche der Staat eine Zinsgarantie von $4^1/_2 \,^0/_0$ übernommen hat, mit der Bestimmung, dass, nachdem eine Verzinsung der Prioritätsaktien mit $5^0/_0$, der Stammaktien mit $4^1/_2\,^0/_0$ eingetreten ist, der fernere Ueberschuss des Reinerträgnisses zunächst dazu verwendet werden muss, dem Staate das in Folge der Zinsgarantie in den Vorjahren etwa Zugeschossene zu ersetzen.

Sa. 223800 Mark.

Dieses Kapital ist voll zur Einzahlung gelangt.

Nach erfolgtem Nachweis des Bau-Kapitals wurde dann von dem bisherigen Comité die formelle Bildung der Ocholt-Westersteder Eisenbahngesellschaft bewirkt und das von derselben vorgelegte Gesellschafts-Statut unterm 22. December 1874 vom Grossherzoglichen Staats-Ministerium genehmigt; gleichzeitig wurde der Gesellschaft dann auch die Konzession zum Bau der Bahn ertheilt. Bildung der Eisenbahngesellschaft.

Konzession und Statut der Gesellschaft bestimmen, dass die Wirksamkeit und die Beschlüsse des Gesellschaftsvorstandes wegen der gewährten erheblichen Staats-Subvention mehr als bei Gesellschaften in der Regel gebräuchlich ist, der staatlichen Einwirkung und Genehmigung unterliegen, sowie dass zwischen dem Gesellschafts-Vorstande und der Direktion der Staats-Eisenbahnen eine Vereinbarung zu treffen sei, nach welcher die letztere den Bau auszuführen hat; auch kann nach Uebereinkommen die Eisenbahn-Direktion die Leitung des Betriebes der Bahn übernehmen, Beides auf Kosten der Gesellschaft. Die Eisenbahn-Direktion hat darauf dann den Bau ausgeführt und auch die Betriebsleitung übernommen. Konzession und Gesellschafts-Statut.

Das Gesellschafts-Statut enthält ausser den allgemeinen üblichen Bestimmungen auch die, dass für aussergewöhnliche Bedürfnisse durch Beiträge von 600 Mark jährlich aus den Reinerträgen, ein Reserve- und Erneuerungsfonds bis zur Höhe von 15000 Mark gebildet und in dieser Höhe erhalten, auch im Falle stattgehabter Verwendungen stets wieder auf diese Höhe gebracht werden soll.

Militär- u. Post-beförderung.
Auch sind der Bahn-Gesellschaft die Auflagen wegen der Beförderung von Militair und Post, wie solche den übrigen Bahnen im deutschen Reiche ziemlich allgemein obliegen, in der Koncession nicht erlassen worden, doch hat die Reichs-Postverwaltung später im Wege des Vertrages zur Zahlung einer Entschädigung von 960 Mark jährlich für die Beförderung der Post zwischen Ocholt und Westerstede, einschliesslich aller dabei erforderlichen Manipulationen, in anerkennenswerther Weise sich herbeigelassen.

Vorbereitung der Ausführung.
Nachdem Ende 1874 die Verhältnisse der Gesellschaft so weit geregelt waren, hätte damals mit der Baueinleitung begonnen werden können; doch ging es damit nur langsam vorwärts, theils weil es an den nöthigen geeigneten technischen Kräften fehlte, theils weil man bei den noch immer hohen Stande aller Preise mit der Anschlagssumme nicht auskommen zu können fürchtete. Das Jahr 1875 verging deshalb, ohne dass in der Sache etwas Weiteres geschehen wäre als die Frage der zu wählenden Bahnrichtung zu erörtern und die wichtigeren Konstruktionen für die Bahn und für das Betriebs-Material generell zu studiren. Gelegentlich wurde auch aus dem Schoosse der Gesellschaft sowohl als auch von Aussenstehenden die Frage des Spurmaasses der Bahn wiederholt zur Diskussion gebracht und mit mehr oder weniger Ernst und Geschick die Zweckmässigkeit der Anwendung eines grösseren Spurmaasses ($1{,}0^{\mathrm{m}}$ oder des von Bauunternehmern häufiger angewendete $= 0{,}90^{\mathrm{m}}$), oder gar der Normalspur ($1{,}435^{\mathrm{m}}$) nachzuweisen versucht.

Im Frühlinge 1876 endlich waren alle Hindernisse und Schwierigkeiten beseitigt, so dass im April sofort nach dem Frostaufgange mit der Bau-Ausführung begonnen und bald darauf auch mit der Bestellung des ganz neu zu konstruiren gewesenen Betriebs-Materials vorgegangen werden konnte.

Anfangs wurden die Arbeiten durch schlechtes Wetter und später durch Mangel an Arbeitskräften sehr verzögert, so dass die anfängliche Absicht: die Bahn am 1. August 1876 zu eröffnen, (auf welchen Termin das Betriebs-Material auch geliefert wurde) nicht ausgeführt werden konnte, sondern die Eröffnung des öffentlichen Verkehrs erst am 1. September 1876 und zwar nur auf einer noch ziemlich unfertigen Bahn und anfangs auch nur für den Personenverkehr, erfolgen konnte. Die Bahn hat dann seither in ganz regelmässigem Betriebe gestanden und ist im Laufe des Herbstes vollständig fertig gestellt worden.

2) Allgemeine Erwägungen über das Bauprogramm.

Westerstede ist wie schon oben gesagt wurde ein Städtchen von etwa 1700 Einwohnern mit einigen kleineren Orten in unmittelbarer Umgebung, welche die Zahl der nahe bei einander wohnenden Einwohner auf etwa 2000 steigern. In einem mit 3,75 ^{Km} ($^1/_2$ Meile) Halbmesser um Westerstede beschriebenen Kreise beträgt die Einwohnerzahl 3950.

Besondere Industrien, ausser den auf dem flachen Lande in Norddeutschland ziemlich allgemein betriebenen Kleingewerben, sind in der Gegend nicht heimisch; von letzteren ist als einigermaassen bedeutend etwa nur die Herstellung grober Holzwaaren für den ländlichen Gebrauch, namentlich für die holzarmen Marschdistrikte des benachbarten Ostfriesland und Holland (zum Beispiel Heckthore für die Viehweiden, Ackergeräthe u. dgl.) zu nennen.

Die Bodenbildung der Gegend ist eine flachwellige, an vielen Stellen mit so wenig Bewegung in der Oberfläche, dass die Entwässerung derselben eine mangelhafte ist. Die Bodenbeschaffenheit ist die des in Norddeutschland sogenannten Geestlandes; der meistens sandige Boden der nächsten Umgebung der Bahn liegt etwa zu $^2/_5$ in Wiese und Acker und zu $^3/_5$ in Wald, Busch und mit Heide bewachsenem Oedland.

Güterverkehr. Sowohl wegen der geringen Bodenbeschaffenheit, als wegen der dünnen Bewohnung ist der Kulturstand des Bodens, die unmittelbare Nähe der Stadt ausgenommen, im Ganzen ein sehr mangelhafter und der Ertrag demnach ein verhältnissmässig geringer. Korn wird in für den Bedarf der Bevölkerung hinreichender Menge in der Regel nicht erzeugt, muss vielmehr zum Theil eingeführt werden, während die Fleischproduktion einen zeitweise nicht unerheblichen Ueberschuss liefert, welcher in Form von Schinken, Speck und Pökelfleisch ausgeführt wird und zusammen mit etwas Honig, lebendem Vieh, Rohholz und Holzwaaren, sowie einigen Erzeugnissen der Milchwirthschaft die wesentlichsten Ausfuhr-Artikel, indess keineswegs in grossen Massen, bildet.

Danach musste ein durchschnittlicher täglicher Güterverkehr von 200—300 Centnern in jeder Richtung als das für längere Zeit zu erhoffende Maximum angesehen werden.

Personenverkehr. Die Bevölkerung ist eine leidlich wohlhabende und deshalb ziemlich bewegliche. Die Stadt ist der Sitz eines dieselbe umgebenden 45 163,3 Hektare grossen von 18 073 Einwohnern bewohnten Verwaltungs- und Justizamtes. Von derselben gehen, wie die topographische Situation auf Blatt 1 zeigt, 4 Chausseen aus, welche eine Landschaft von dem oben beschriebenen Charakter durchziehen, bedeutendere Orte in grösserer Nähe indess nicht berühren. Die Frequenz der, den auf die Bahn kommenden Verkehr vermittelnden, Westersteder Omnibus- und sonstigen Fuhrwerke wurde auf 17000

Köpfe jährlich angegeben, woraus bei drei täglichen Bahnzügen in jeder Richtung zwischen 7 und 8 Personen für jeden Zug, also selbst unter Annahme einer erheblichen Steigerung, immer nur eine sehr geringe Zahl von Reisenden zu folgern war.

Das sind, in grossen Zügen dargestellt, die Verhältnisse und die Gegend, für welche die Bahn gebaut werden sollte, deren Bedürfnissen dieselbe also anzupassen war.

Wird hinzugefügt, dass eine Verlängerung der Bahn nach beiden Richtungen dieselbe auf weite Erstreckung nur in sehr geringwerthige Terrains- und noch viel dünner bevölkerte Gegenden führen kann, also wenig wahrscheinlich ist, dass deshalb aus einer Verlängerung der Bahn eine Entwickelung des Verkehrs von nur einiger Bedeutung nicht zu erwarten steht, und wird zugleich noch darauf hingewiesen, dass die ebene Lage der Gegend fast überall die Herstellung sehr flacher Gradienten und meistens auch günstiger Kurven gestattet, dass demnach alle Vorbedingungen vorhanden sind, welche ermöglichen, einer Eisenbahn eine verhältnissmässig grosse Leistung abzugewinnen, — so wird wohl eingeräumt werden müssen, dass, wenn hier überhaupt eine Eisenbahn gebaut werden sollte, eine solche von der schmalsten noch als praktikabel erkannten (d. h. eine erheblich grössere Transport-Geschwindigkeit als die des Landfuhrwerks zulassende und die Beförderung aller vorkommenden Transportartikel gestattende) Spurweite, also eine Bahn von 0,75 m Spurmaass, am Platze sei.

Da der Transport von Massengütern überhaupt nicht in Betracht kam, so blieb der für die Entscheidung der Spurmaassfrage übliche Vergleich zwischen den Kosten des Umladens einerseits und den Zinsen des höheren Anlagekapitals einer normalspurigen Bahn andererseits, — selbst bei der geringen Länge der Linie ganz ausser Frage; im vorliegenden Falle würde übrigens das Resultat einer solchen Rechnung, selbst wenn dasselbe zu Gunsten der normalen Spur ausgefallen wäre, hinsichtlich der Spurweite eine andere Entscheidung nicht haben herbeiführen können, da das erforderliche erheblich höhere Bau-Kapital gar nicht zu beschaffen gewesen wäre und man schliesslich auch sich sagen musste, dass eine wirkliche, wenn auch weniger vollkommene Eisenbahn doch nützlicher sei als das schönste aber unausführbare Projekt!

Fahrgeschwindigkeit. Da nach dem oben Gesagten der Personenverkehr als der wichtigere erschien, so war derselbe im Bau-Programme besonders zu berücksichtigen; sollte die Bahn demnach ihren Zweck wirklich erfüllen, so durfte die Fahrgeschwindigkeit nicht zu gering sein und wurde deshalb auf das bei geeigneter Konstruktion des Betriebs-Materials noch mit voller Sicherheit zulässige Maass von 20^{Km} in der Stunde festgestellt.

Leistungsfähigkeit der Bahn. Um von der Leistungsfähigkeit einer solchen selbstverständlich eingleisigen Bahn einen ungefähren Begriff zu geben, wurde nachgewiesen, dass dieselbe, ohne aus den durch die „Grundzüge" des Vereins gegebenen Grenzen der gewählten Kategorie zu treten oder Anstrengungen zu machen, welche den Dienst unsicher werden oder auch nur bedenklich erscheinen lassen könnten, bei 6 täglichen Zügen in jeder Richtung einen Verkehr vermitteln kann von:

		täglich	jährlich
Personen	etwa	700	255 500
Güter Ctr.	„	1200	440 000
oder Tonnen .	„	60	22 000,

Ziffern, welche man nöthigenfalls noch erheblich steigern kann, ohne das Princip aufgeben zu müssen.

Nach allen diesen Erwägungen fand demnach der gleich zu Anfang gemachte Vorschlag des Verfassers: das kleinste der vom Vereine deutscher Eisenbahn-

Verwaltungen für sogenannte Sekundärbahnen adoptirter Spurmaasse (0,75 m) anzuwenden, schliesslich die allgemeine Zustimmung und ist die Bahn dann auch mit demselben, und zwar nach Maassgabe der bezüglichen „Grundzüge" etc. des Vereines vom Jahre 1873 zur Ausführung gelangt.

3) Bauplan.

Bei der definitiven Auslegung der Bahnlinie kam, ausser der gewählten, ernstlich noch eine den Bahnhof Ocholt der Staatsbahn in westlicher Richtung verlassende Linie in Frage, welche in ihrer ganzen Erstreckung eine mehr westliche Lage bekommen und Westerstede gleichfalls an seinem Westende erreicht haben würde. Als wesentlicher Grund für dieselbe wurde die nähere Lage der Orte Lindern, Mansie und Westerloy (siehe die topographische Situation Blatt 1) zur Bahn angeführt; ausser vermehrter Frequenz erhoffte man von der günstigeren Lage einige Aktienbetheiligung aus diesen Orten, welche allerdings zur Zeit der erkannten Nothwendigkeit der Kapitalerhöhung sehr wünschenswerth gewesen wäre.

Gegen diese Linie sprachen die Gründe, dass sie bei ungefähr gleicher Länge fast auf ihrer ganzen Erstreckung werthvolle Wiesen und Ackerländereien, und zwar zum Theil sehr ungünstig, durchschnitt und dass sie auf längere Strecken über niedriges zum Theil anmooriges und der Inundation unterliegendes Terrain zu führen war, also mehr Erdarbeit erforderte.

Nachdem nun obrigkeitlich genehmigt war, die Bahn neben den sogenannten „langen Damm" auf einen, diesen Gemeindeweg auf seiner ganzen Erstreckung begleitenden sogenannten „Wegerdestreifen" zu legen, so konnte über die Richtung der Bahn kaum noch ein Zweifel obwalten, indem durch diese — übrigens von vornherein in Aussicht genommene — Benutzung nicht allein die unentgeltliche Erwerbung des zur Bahn erforderlichen Bodens auf etwa 2900ᵐ (also auf etwa $^2/_5$ der Gesammt-) Länge erreicht, sondern auch auf weitere 600ᵐ Länge, wo die Bahn (wegen ungenügender Wegebreite, zu grosser Höhen-Unterschiede, kurzer Krümmungen u. dgl.) neben den Weg zu legen war, Durchschneidungen der Grundstücke ganz vermieden wurden, so dass dann nur auf 3500ᵐ $= ^1/_2$ der Gesammtlänge der zur Bahn erforderliche Grund und Boden als Durchschneidung anzukaufen blieb.

Durch die Wahl dieser Trace wurde zugleich auch erreicht, dass auf dem weitaus grössten Theile der Länge die Bahn auf festen, wenn auch nicht überall trockenen, doch leicht zu entwässernden Sandboden zu liegen kam.

Die ursprüngliche Idee, die Linie in der geraden Richtung des „langen Dammes" durch den sogenannten „Streek" bis an die Chaussee fortzusetzen und auf dieser nach Westerstede zu führen, wurde aufgegeben, nachdem eine auf Kosten der Eisenbahngesellschaft auszuführende Verlegung des auf dem Chausseedamme für die Bahn nicht passend liegenden Pflasters als nothwendig sich erwies und eine angestellte Berechnung ergab, dass eine vom nördlichen Ende des „langen Dammes" direkt auf Westerstede geführte Linie, weil um 325ᵐ kürzer als die Chausseelinie, bei den für den Grunderwerb gestellten nicht unbilligen Forderungen voraussichtlich nicht mehr kosten würde, als die letztere, während die gleichzeitig erlangte geringere Betriebslänge für die Bahn stets ein Vortheil blieb.

In Betreff der Anfang- und Endpunkte der Bahn ist hervorzuheben, dass Seitens der Staats-Verwaltung die Mitbenutzung des Bahnhofs Ocholt der Staatsbahn, und zwar der vorhandenen Anlagen sowohl als der Kräfte, unentgeltlich gestattet wurde, soweit dieselben ausreichen und der eigene Dienst es zulässt. Es liegt hierin der Grund, weshalb man der Endstation der Schmalbahn die dem vorhandenen Raume durchaus angepasste Lage und Anordnung gegeben hat. (Siehe Blatt 3, Fig. 1.)

Am anderen Ende der Bahn zu Westerstede sollte unter allen Umständen eine einstige (wenn zur Zeit auch wenig wahrscheinliche) Fortführung der Bahn offen gehalten, zugleich aber eine kostspielige Bahnhofs-Anlage auf alle Fälle vermieden werden.

Die strenge Festhaltung dieser Forderungen führte zu der Annahme des für die Bahn gewählten End-punktes und der später noch näher zu besprechenden Anordnung der Station. (Siehe Blatt 3, Fig. 2.)

Durch die definitive Vermessung ergab sich zwischen den Endpunkten des Hauptgleises eine Länge desselben von 7115 ^{m}, während die Länge der Luftlinie zwischen denselben beiden Punkten auf 6425 ^{m} sich berechnet. Länge.

Bei der grossen Bedeutung, welche die Horizontal-Projektion der Bahn für eine sichere und billige Füh-rung des Betriebes hat, wurde der Tracirung in dieser Beziehung die grösste Aufmerksamkeit gewidmet.

Da die Situation es gestattete, sind für das Haupt-gleis kleinere Krümmungshalbmesser als 85 ^{m} auf Bahn-höfen, 100 ^{m} vor denselben und 250 ^{m} auf freier Strecke nicht zur Anwendung gekommen. Kurven.

Die folgende Tafel ergibt das Nähere über die Alignements-Verhältnisse der Linie. (Siehe folgende Seite.)

In gleichem Maasse wurde die flachwellige Boden-gestaltung zur Herstellung möglichst günstiger Bahn-steigungen ausgenutzt. Anfangs war es die Absicht $^{1}/_{200}$ als Steigungs-Maximum durchzuführen. Als jedoch zur Erwägung kam, dass dann der Fall, wo ein zweiter Bremser nöthig würde (vergl. § 90 der „Grundzüge für die Gestaltung der sekundären Eisenbahnen" vom Jahre 1873) vielleicht öfter vorkommen und dem Betriebs-dienste dadurch Verlegenheit bereitet werden könne, wurde $^{1}/_{300}$ als Steigungsmaximum angenommen, nach-dem eine vergleichende Berechnung erwiesen hatte,

Stationsnummern.	Radius der Kurven Meter	Länge der geraden Linie Meter
0,095 — 0,174	—	—	—
0,174 — 0,245	200	70,80	—
0,245 — 0,494	250	249,07	—
0,494 — 0,850	—	—	355,40
0,850 — 0,989	250	138,9	—
0,989 — I 252	—	—	263,82
I 252 — I 287	300	34,52	—
I 287 — I 328	—	—	41,24
I 328 — I 478	300	149,96	—
I 478 — I 693	—	—	215,01
I 693 — I 736	500	42,85	—
I 736 — I 858	—	—	121,97
I 858 — I 893	500	35,24	—
I 893 — II 296	—	—	403,03
II 296 — II 374	300	77,09	—
II 374 — III 136	—	—	762,07
III 136 — III 140	300	4,20	—
III 140 — IV 372	—	—	1231,80
IV 372 — IV 511	300	139,25	—
IV 511 — IV 625	—	—	113,73
IV 625 — IV 664	300	39,78	—
IV 664 — VI 667	—	—	2002,51
VI 667 — VI 723	85	56,12	—
VI 723 — VI 806	—	—	83,18
VI 806 — VI 840	100	26,70	—
VI 840 — VII 20	—	—	187,13
		1064,48	5960,52
		7115,00	

In Procenten der Gesammtlänge entfallen hiernach auf die Kurven ... 14,8 %

„ „ Geraden .. 82,2 %

Summe ... 100 %

dass solches durch eine Mehrausgabe von etwa 2400 Mark ermöglicht, und damit nicht allein dem angedeuteten Uebelstande begegnet, sondern zugleich auch die Oekonomie des Betriebsdienstes nicht unerheblich gefördert werden könne. Durch diese Maassregel wurden die nöthigen Auf- und Abträge dann allerdings auf ähnliche Grössen wie bei den Oldenburgischen Normalbahnen gebracht; nur durch kürzeres Unduliren wurde etwas mehr als dort ökonomisirt.

Die nachfolgende Tabelle weist die Steigungs-Verhältnisse nach.

Die „Grundzüge" gestatten eine Kronenbreite der Bahn gleich der doppelten Spurweite. Da im vorliegenden Falle zur Bildung des Dammkörpers nur leichter Boden und auch für die Bahnbettung nur feiner Diluvial- (Flug-) Sand verfügbar war, so hielt man, namentlich auch in Anbetracht der beabsichtigten Fahrgeschwindigkeit dafür, dass eine etwas grössere als die zulässige Minimal-Kronenbreite sich empfehle, um so mehr als Grunderwerbs- und Erdarbeitskosten des geringwerthigen und leicht bearbeitbaren Bodens wegen dadurch nicht erheblich sich steigerten. Es wurde deshalb die Kronenbreite der Bahn auf 1,75 m festgesetzt.

Die Querschnitte des Bahnplanums waren so zu bestimmen, dass sie ausser dem Normalprofile des lichten Raumes, Blatt III, Figur 4 der „Grundzüge", auch den Forderungen zu entsprechen hatten, welche aus Rücksichten der Entwässerung und des Schutzes der Bahn gegen Vieh u. dergl. zu stellen waren.

Die ersteren fordern verhältnissmässig tiefe Gräben mit länger fortlaufenden Gefällen, welche die bei der flachen Bodenlage meistens mangelnde seitliche Entwässerung um so mehr zu ersetzen haben, als einestheils der Boden ganz allgemein wenig durchlässig ist, das Grundwasser sehr flach steht, und bei dem feuchten

Stationsnummer.	Horizontal	Steigung	Länge	Fallen	Länge
— 95 — 0,400	495	—	—	—	—
0,400 — 0,500	—	1 : 500	100	—	—
0,500 — 0,650	150	—	—	—	—
0,650 — 0,950	—	1 : 300	300	—	—
0,950 — I 150	200	—	—	—	—
I 150 — I 606	—	—	—	1 : 300	450
I 606 — I 800	200	—	—	—	—
I 800 — I 950	—	1 : 300	150	—	—
I 950 — III,000	1050	—	—	—	—
III 000 — III 100	—	—	—	1 : 300	100
III 100 — III 550	450	—	—	—	—
III 550 — III 650	—	1 : 300	100	—	—
III 650 — III 800	—	1 : 375	150	—	—
III 800 — IV 400	600	—	—	—	—
IV 400 — IV 550	—	—	—	1 : 30	150
IV 550 — IV 800	250	—	—	—	—
IV 800 — IV 950	—	1 : 375	150	—	—
IV 950 — V 400	—	1 : 300	450	—	—
V 400 — V 500	100	—	—	—	—
V 500 — VI 100	—	—	—	1 : 300	600
VI 100 — VI 400	300	—	—	—	—
VI 400 — VI 550	—	1 : 375	150	—	—
VI 550 — VI 800	250	—	—	—	—
VI 800 — VI 840	—	1 : 100	40	—	—
VI 840 — VI 900	—	1 : 133	60	—	—
VI 900 — VII 20	—	1 : 133	120	—	—
	4045		1770		1300

3070

7115

Demnach entfallen in Procenten der Gesammtlänge
auf die horizontalen Strecken..... 57 Proc.
auf die Steigungen in Strecken ... 43 „
Summe... 100 Proc.

Klima die atmosphärischen Niederschläge durch Verdunstung nur sehr langsam absorbirt werden.

Was die Rücksichten des Schutzes der Bahn betrifft, so erfordern dieselben in einem vorwiegend Viehzucht treibenden Lande wie Oldenburg besondere Beachtung. Da der Grundsatz gilt, dass in umwehrten Grundstücken die Bahn auch eingefriedigt werden muss, und fast alle Privat-Grundstücke, seien es auch die ödesten Heid- und dicht bestandene Waldflächen, eingewallt sind, so musste die Bahn fast durchweg Einfriedigungen bekommen. Sollte unnützer Aufwand vermieden und sollten die ohnedies verhältnissmässig hohen Kosten der Einfriedigung nicht unnöthig — unter Umständen sogar erheblich — gesteigert werden, so war es nothwendig, diese Angelegenheit von vornherein mit besonderer Sorgfalt zu behandeln, um nicht später unfehlbar in grössere Schwierigkeiten und Kosten zu gerathen, wie es bei den früher hier im Lande gebauten, in dieser Beziehung zum Theil nicht mit der nöthigen Sachkenntniss und Sorgfalt behandelten Bahnen zu grosser Beschwerde der Verwaltung geschehen ist.

Die Aufgabe wurde in folgender Weise gelöst: Die Bahn-Seitengräben konnten, weil sie nur an wenigen Punkten nass zu halten sind und weil trockene Gräben als viehkehrend nicht gelten, nur in beschränktem Maasse zugleich als Einfriedigung dienen. Bei eingewallten Grundstücken wurden in der Regel auch längs' der Bahn überall da Wälle ausgeführt (Blatt 4, Fig. 1 links), wo der Boden nicht zu kostspielig war und die nöthigen geeigneten Soden sich fanden.

Die Wälle werden durchweg mit geeigneten Holzarten bepflanzt, wodurch ihre Dauer und Wehrbarkeit wesentlich erhöht wird. Ein sogenannter halber Wall wurde da auf die Böschung des Bahndammes gesetzt Blatt 4, Figur 2, rechts), wo es an Raum und Soden zu einem ganzen Walle fehlte; bei ungenügender Höhe muss dieser, um wehrbar zu sein, noch (wie in der

Fig. gleichfalls angegeben) eine schrägstehende trockene Einfriedigung mit einer Latte oder einem Drahte bekommen, bis die Pflanzung genügend angewachsen ist, um eine sogenannte wilde Hecke zu bilden.

Wo diese Arten von Einfriedigung nicht ausführbar sind, bleibt dann nur die trockene Einfriedigung, Pfähle mit einer Latte oben und zwei durchgezogenen Drähten darunter (Blatt 4, Fig. 2, links), sofern nicht etwa die gewöhnliche Hecke auf der äusseren Grabenkante, im Schutze der vorbeschriebenen trockenen Einfriedigung zu erziehen (Blatt 4, Fig. 2, rechts), Anwendung finden kann, eine kostspielige und dadurch schwierige Maassregel, dass man die für eine Reihe von Jahren zum Schutze erforderliche Einfriedigung nicht überall (z. B. wo gepflügt wird) scharf auf die Grenze des Bahnterrains setzen kann.

Schutzwehren längs Wegen.

Wo die Bahn am sogenannten „langen Damm" längs dem Kommunalwege liegt, und zwar je nach der Bodengestaltung in gleicher Höhe oder bis etwa 0,70 ^{m} höher oder tiefer, ist die auf Blatt 4 in Figur 1 rechts gezeichnete Anordnung gewählt; auf der Wegekante ist, wo der Erdvorrath es gestattete, ein 0,60 — 0,75 ^{m} hoher wallartiger Aufwurf hergestellt, aber in Entfernungen von 10 ^{m} unterbrochen, um das Wasser vom Wege in den Graben durchzulassen; jede solche Lücke wird mit einem Baume, die Bahnseite des Aufwurfs mit Busch bepflanzt. Wo es an Boden zum Aufwurf fehlt, wird mit sogenannten Prellpfählen und Baumpflanzung auszukommen gesucht.

Herstellungskosten.

Die Kosten*) der verschiedenen Einfriedigungsarten stellen sich hierorts für den laufenden Meter:

1) Ganzer Wall von normaler Dimension, Arbeitslohn einschl. Bepflanzung aber ausschl. des für dieselbe erforderlichen Grund und Bodens .... 1,00 Mark

*) Die eigentlich unter „4) Bauausführung" gehörenden Kosten sind der Abkürzung wegen gleich hier angegeben.

2) Sogenannter **halber** Wall desgl..... 0,50 Mark
3) Eindrähtiges oder einlattiges Schluchter
   dazu desgl......................... 0,25 „
4) Schluchter, Pfähle von Eichen mit einer
   Latte und zwei Drähten desgl...... 0,75 „
5) Hecke, wilde, von Birken, Erlen, Eichen,
   Buchen, Weiden etc. desgl.......... 0,49 „
6) Wegebaum (Eichen u. dgl.) gepflanzt
   für das Stück..................... 0,75 „
7) Prellpfahl von Eichenholz desgl..... 0,50 „

Die aus dem Special-Grund- und Profilplane (Blatt 2) Kunstbauten.
ersichtliche Zahl der Kunstbauten ist weder erheblich, noch auch finden sich darunter irgend bedeutende.

Die hierlands sehr hohen Kosten des Mauerwerks,
für welches nur Ziegel (guter Beschaffenheit, meistens
in der Umgegend zu haben), von weither zu beziehender
Kalk, Trass und Cement, sowie meistens nahe am
Bauplatze vorfindlicher (feiner) Sand, verfügbar sind,
bedingen die äusserste Oekonomie in der Masse
bei allen solchen Werken, welche indess um so weniger
zurückgewiesen werden darf, als bei im Allgemeinen
tüchtiger Schulung der Maurer mit nur einiger Sorgfalt
bei der Ausführung ein Mauerwerk von nicht gewöhn-
licher Güte zu erlangen ist.

Die Figuren 3—7 der Tafel 4 zeigen die Typen
der ausgeführten Durchlässe und Brücken, welche im
Ganzen an englische, seit Jahren hier bewährte Muster
sich anschliessen. Hervorzuheben ist davon vielleicht
nur der in Fig. 3 dargestellte Durchlass von Ziegel-
schalen (sogen. Höhlenpfannen) mit Ummauerung von
Backstein, welche in mehreren Lichtweiten, von $0{,}22^m$
bis $0{,}40^m$ vielfach ausgeführt wird.

Bei diesen Lichtweiten haben die Höhlenpfannen
eine Wandstärke von 2 bis 3^{zm} bei 0,35 bis $0{,}40^m$ Länge;
dieselben werden, unter sich in Verband, ohne alle
Unterlage (was für den Bestand solcher Durchlässe
wesentlich ist) in den genau ausgegrabenen, gewachsenen

Boden, oder auf einen gut eingeschlämmten künstlichen Sandgrund sorgfältig eingebettet und umstampft, ehe die mit tragenden Backsteinschichten zwischengemauert werden.

Unter Wege-Uebergängen, Parallelwegen u. dgl. werden die Höhlenpfannen ohne Zwischenschichten und Ummauerung als Durchlässe verwendet, die Pfannen nur in Moos, unter einander in Verband verlegt und mit Häuptern von Soden versehen.

Die Kosten der Kunstbauten stellen sich wie folgt:

1) Mauerwerk zu Durchlässen der hier fraglichen Art, also in geringen Massen von wetterbeständigem Backstein in Kalkmörtel mit Zusatz von Trass- oder Cement, für den kb^m = 28 Mark.

2) Höhlenpfannen-Durchlass ohne Ummauerung, $0{,}30^m$ weit, für den laufenden Meter = 2 Mark.

3) Höhlenpfannen-Durchlass, $0{,}25$ bis $0{,}40^m$ im Lichten weit, gemauert, f. d. lfd. Meter = $3{,}50$—$4{,}50$ Mark. Ein Haupt dazu, $0{,}40^m$ Länge liefernd, = $5{,}0$—$7{,}5 \mathscr{M}$.

4) ringförmig gemauerte Durchlässe von den

Lichtweiten = $0{,}50^m$ $0{,}75^m$ $1{,}00^m$ $1{,}25^m$ $1{,}50^m$ $1{,}75^m$ f. d. lfd. Met. $10 \mathscr{M}$. $14 \mathscr{M}$ $37 \mathscr{M}$ $45 \mathscr{M}$ $53 \mathscr{M}$ $60 \mathscr{M}$. 1 Haupt dazu liefert Länge = $0{,}225^m$ $0{,}225^m$ $0{,}57^m$ $0{,}57^m$ $0{,}57^m$ $0{,}65^m$ und kostet: $40 \mathscr{M}$ $110 \mathscr{M}$. $207 \mathscr{M}$ $300 \mathscr{M}$. $370 \mathscr{M}$ $480 \mathscr{M}$.

Die Kosten grösserer Werke sind nach dem Ausmaass, je nach den begleitenden Umständen zum Preise von 25 bis 20 Mark für den kb^m fertiges Mauerwerk zu veranschlagen.

Selbst bei den besten Backsteinen und Mörtelmaterialien empfiehlt es sich, die Brustmauern und Flügel-Abrollungen der Durchlässe mit Soden zu bedecken um Verwitterung zu vermeiden; unter solchen Abdeckungen indess halten die Mauerwerke hier sich sehr gut.

Oberbau. Für die Bestimmung der Einzelheiten des Oberbaues, dieses wichtigsten Konstruktionstheiles der

Bahnanlage, wurde ein auf 4 Rädern möglichst gleichmässig vertheiltes Gewicht der Maschine von 6500^k
(130 Ctr.) im Dienststande angenommen, dessen Moti-
virung weiter unten folgen wird. Wenn zwar das
gleichfalls auf 4 Räder vertheilte Gewicht der beladenen
Güterwagen bis zu 7500^k (150 Ctr.) betragen kann,
so glaubte man doch die obige Ziffer als maassgebend
ansehen zu dürfen, einestheils weil bei der Maschine
neben dem Gewichte auch noch dynamische Wirkungen
eintreten, und anderntheils, weil anzunehmen war,
dass die Güterwagen nur in seltenen Fällen voll be-
lastet laufen würden.

Die danach angestellten Berechnungen etc. liessen
eine Eisenschiene von 80^{mm} Höhe als angemessen erscheinen. Nachdem jedoch das Stahlwerk Osnabrück
(namentlich wegen der dabei zu erzielenden Verwerthung
von Materialresten, welche bei der Fabrikation im
Grossen sehr unwillkommen sich ergeben) eine Offerte
gemacht hatte, nach welcher eine 70^{mm} hohe Schiene
von ähnlichen Proportionen wie jene, nebst Laschen
und Platten von Stahl bei zehnjähriger Garantie nicht
mehr kosten sollten, als jene von Eisen, so entschied
man sich, der längeren Garantiezeit und grösseren Dauer
wegen, für die Stahlschienen. Der Oberbau wurde dann
nach der Konstruktion, wie die Figuren 8 bis 14 des
Blattes 4 sie darstellen, ausgeführt.

Zwar hat das Maximal-Gewicht der gelieferten
Maschinen (mit vollem Wasser und Heizmaterial)
nachträglich zu 7400^k (148 Ctr.) sich herausgestellt,
für welche Last die Schiene etwas schwach zu sein
scheint; da jedoch zugleich der Umstand eintrat, dass
die Schwellen durchweg erheblich stärker, als projektirt
geliefert wurden (man machte dieselben aus den in
grosser Masse vorhandenen Ausschussschwellen der
breitspurigen Bahnen), so gestaltete das Verhältniss sich
noch nicht geradezu ungünstig; auch hat der Oberbau
bisher irgendwie unzulänglich nicht sich gezeigt.

Die normale Länge der Schienen ist 7,50^m, doch wurden bis zu 2 $^0/_0$ sogen. Untermaassschienen von 7^m, 6,50^m bis zu 4,50^m Länge hinab angenommen und in Nebengleisen verlegt. Die Schienen der Normallänge haben auf 2 Schwellen (siehe die Zeichnung Fig. 13) hinten rund geschlossene Einklinkungen im Fusse erhalten, in welche entsprechend geformte Nägel eingreifen, um das Fortschieben der Schienen zu verhindern.

In den Bahnkurven sind die Stösse der Schienen in Verband gelegt, wodurch erfahrungsmässig das Eckigwerden des Gleises mit Erfolg verhindert wird. Die Abrundung des Schienenkopfes und die Kehle des Radreifs sind mit demselben Radius beschrieben, da diese Anordnung — mögen die Ansichten über die sonstige Zweckmässigkeit derselben auch noch auseinander laufen — jedenfalls den im vorliegenden Falle überwiegenden Vortheil nicht so starker Abnutzung der Radreifkehle bietet. Die Schienen sind, entsprechend dem Konus der Radreife, mit $^1/_{14}$ Neigung gegen die Vertikale gestellt. In den Kurven hat der äussere Schienenstrang eine höhere Lage als der innere bekommen, u. zw. bei einem Radius

von 200   250   300   500 Meter

um 37   30   25   17$^1/_2$ Millimeter.

Platten sind in den starken (namentlich Weichen-) Kurven nach Bedürfniss: auf jeder Schwelle, abwechselnd, oder in noch grösseren Zwischenräumen untergelegt; auf freier Bahn nur in den Kurven, u. zw. bei unterstütztem Stosse auf den beiden dem Stosse benachbarten Schwellen, nicht unter dem Schienenstosse selbst, um nämlich die üblen Folgen zu vermeiden, welche die Platten leicht hervorrufen, wenn die beiden zusammenstossenden Schienen, wie es meistens der Fall ist, von ungleicher Höhe sind.

Die Laschenbolzen (zur Verhinderung des Umdrehens, mit ovalem Halse unter dem Kopfe) ebenso wie die Hakennägel sind von Eisen, letztere von zwei verschiedenen Querschnitten des Schaftes, deren einer den Ausklinkungen des Schienenfusses sich anpasst.

Die Schwellen sind sämmtlich von Eichenholz; die vorgeschriebenen, doch bei der Lieferung — wie schon oben angedeutet wurde — meistens überschrittenen Maasse derselben sind die folgenden:

	Länge	Stärke	untere Breite	obere Breite mindestens
Mittelschwellen	1,33 ^{m}	10 ^{zm}	15 ^{zm}	10 ^{zm}.
Stossschwellen	1,33 ^{m}	10 ^{zm}	17$\frac{1}{2}$ ^{zm}	10 ^{zm}.

Weichenschwellen-Längen 1,50 ^{m}, 1,70 ^{m}, 1,90 ^{m}, 2,10 ^{m}, 2,30 ^{m}, sämmtlich 10 ^{zm} stark, unten 20 ^{zm}, oben mindestens 10 ^{zm} breit.

Die Maasse, Gewichte und Kosten der Oberbau-Materialien am Bauplatze, und des fertigen Oberbaues sind folgende:

1) Die Stahlschiene, 70 ^{mm} hoch, 64 ^{mm} in der Basis breit, wiegt f. d. lfd. ^{m} .... 12,6 ^{k}
und kostet für 1000 ^{k} .... 227 $\mathcal{M}$.

2) Eine Lasche von Stahl, 280 ^{mm} lang, wiegt 0,89 ^{k}.

3) Eine Unterlagsplatte desgl., 140 + 150 ^{mm} gross, desgleichen .... 1,09 ^{k}
Preis beider für 1000 ^{k} .... 227 $\mathcal{M}$.
(Vom Osnabrücker Stahlwerk geliefert.)

4) Ein Laschenbolzen, im Schafte = 12$\frac{1}{2}$ ^{mm}, im Gewindekern 10 ^{mm} stark, wiegt..... 0,1 ^{k}
Preis für 1000 ^{k} .... 376 $\mathcal{M}$.

5) Ein Hakennagel, 12 ^{mm} □ im Schafte stark, wiegt .... 0,083 ^{k}
Preis für 1000 ^{k} .... 411 $\mathcal{M}$.

6) Desgl. zu der Klinke passend.......... 0,095 ^{k}
Preis für 1000 ^{k} . ... 453 $\mathcal{M}$.
(Nr. 4, 5 u. 6, geliefert vom Hagen-Grünthaler Eisenwerk.)

7) Schwellen von Eichenholz:

Mittelschwellen für das Stück... 0,90 $\mathcal{M}$

Stossschwellen „ „ „ ... 1,00 „

Weichenschwellen f. d. lfd. Meter. 0,65 „ .

8) Eine Schienenlänge $= 7{,}50^m$ Oberbau kostet:

a. 15 lfde. ^{m} Schienen, 188 ^{k} zu 227 $\mathcal{M}$ für 1000 ^{k} ....$= 42{,}67$ „

b. 4 Laschen, 3,56 ^{k} zu 227 $\mathcal{M}$, für 1000 ^{k} $= 0{,}81$ „

c. 8 Bolzen, 0,8 ^{k} „ 376 „ „ 1000 ^{k} $= 0{,}31$ „

d. 50 Nägel, 4,15 ^{k} „ 411 „ „ 1000 ^{k} $= 1{,}71$ „

Zusatz für Verlust an Nägeln für Mehrkosten der Klinknägel zu 6 % .... 0,01 „

e. 1 Stossschwelle einschl. Transport... $= 1{,}00$ „

f. 11 Mittelschwellen zu 0,90 $\mathcal{M}$ .... $= 9{,}90$ „

g. Arbeitslohn, Schwellenhobeln, Transport, Legen, Stopfen, Richten u. dgl. $= 3{,}90$ „

$\overline{ 60{,}31 \mathcal{M},}$

wonach also die Kosten des normalen Oberbaues auf 8,04 Mark für den laufenden Meter sich stellen.

Wegeübergänge. Wege-Uebergänge über die Bahn sind mit nur sehr wenigen Ausnahmen überall da hergestellt, wo Wege die Bahn kreuzen; — dabei ist die meistens sehr erhebliche, oft 10 bis 15 ^{m} betragende Breite der öffentlichen Wege auf der Bahn selbst in der Regel auf höchstens 6 ^{m} eingeschränkt worden.

Auf den Wege-Uebergängen hat das Gleis keinerlei künstliche Vorkehrung bekommen; es ist allein die Fahrbahn des Weges auf 3 bis 4 ^{m} Breite inmitten und auf einige Meter zu beiden Seiten des Gleises mit Steinschotter (meistens Backstein-Abfälle) etwa 0,15 ^{m} hoch ausgeschüttet, was, wenigstens für Landwege, vollkommen genügt. Dieselbe Anordnung hat auch die 200 ^{m} lange Gleisstrecke bekommen (Blatt 3, Fig. 2), welche auf der Westersteder Hauptstrasse liegt und in ihrer ganzen Länge als Wege-Uebergang angesehen werden kann, da sie dem Strassenverkehre ganz offen liegt. Es ist auf dieser Strecke indess die Steinschüttung mit grösserer Sorgfalt und aus härterem

Materiale (in Ermangelung einer näheren Bezugsquelle, aus Kohlensandstein vom Piesberge bei Osnabrück) hergestellt.

Von den **Einfriedigungen** war wegen ihres Einfriedigungen. engen Zusammenhanges mit den Bahn-Querprofilen schon oben eingehend die Rede. Es ist hier nur nachzufügen, dass, wo die Bahn in umhegten Grundstücken eingefriedigt ist, wo also die Wege-Uebergänge Verschluss bekommen mussten, solcher mittelst der für diesen Zweck hier landesüblichen **Heckthore** (Bandheck, Rollbaum, Wring u. dgl.) hergestellt wurde.

Alle übrigen Wege-Uebergänge haben Verschlüsse **nicht**, und Einfriedigungen durch gewöhnliches Schluchterwerk (Latten- oder Drahtzaun) nur in so weit bekommen, als es nothwendig schien, um den Verkehr an einer bestimmten Stelle über die Bahn zu weisen.

Die Kosten eines Paares Heckthore von Eichenholz, einschl. der in der Regel nöthigen Schluchter-Anschlüsse an dieselben, stellen sich auf 30 bis 37 Mark.

Nachdem zu **Ocholt** die Mitbenutzung der Bahn- Bahnhofs-Anlagen. hofs-Einrichtungen der Staatsbahn gestattet war, blieb hier nur vorzusorgen:

1) ein zum Aus- und Einsteigen der Reisenden geeigneter Platz, nebst Gleis-Einrichtung um die Maschine wieder **vor** den Zug bringen zu können;

2) ein Gleis mit Rampe zum Be- und Entladen der Bahnwagen;

3) Gleise zum Ueberladen von Gütern zwischen den Wagen der schmal- und breitspurigen Bahn;

4) ein Brennmaterial-Schuppen, da der zur Heizung der Maschinen dienende Torf zweckmässig hier angebracht und an die Maschine abgegeben wird; sowie endlich

5) eine Unterkunft für die auf der Station wartenden Maschinen nebst Personal, eine Wasserstation und ein Schuppen für einen Reserve-Personenwagen.

Wie diesen Anforderungen genügt ist, geht aus

dem auf Blatt 3 Fig. 1 gegebenen Grundplane der Station Ocholt hervor, zu welchem hier nur zu bemerken ist, dass, wie auch aus dem betreffenden Querprofile ersichtlich, die Ueberladegleise (s. oben unter 3) so angeordnet sind, dass die Wagenplatformen in gleicher Höhe und nur 0,355^m im Lichten von einander entfernt (so nahe als man mit der Sicherheit verträglich hielt) sich befinden. Im Uebrigen ist nur zu wiederholen, dass die Anordnung dem verfügbaren Platze sich anzubequemen hatte und diesem im Wesentlichen ihre Gestalt verdankt.

An dem einzigen Zwischen-Haltepunkte Südholz waren, da vorläufig Wagenladungsgüter nicht angenommen werden, Anlagen überhaupt nicht zu machen, indem der dort wohnende Holzwärter den Billetverkauf übernommen hat und den Mitfahrenden das Warten in seinem Hause gestattet.

Zu Westerstede wurde mit dem Gastwirth Oetken ein Uebereinkommen getroffen, durch welches derselbe übernahm: unentgeltlich den ganzen Expeditionsdienst zu leisten, sowie die zum Aufenthalte für das wartende Publikum und zum Unterbringen von Stückgütern nöthigen Räume gleichfalls unentgeltlich zu stellen, sofern der Endpunkt der Bahn vor sein in Westerstede belegenes Gasthaus gelegt würde.

Dieser für die Gesellschaft günstige Vertrag war die Veranlassung, weshalb das Bahngleis nach erfolgter Genehmigung der Landes-Polizei- und Strassenbaubehörde auf der Hauptstrasse bis in den Ort Westerstede vor das genannte Gasthaus verlängert wurde.

Für die eigentliche Bahnhofs-Anlage erübrigten dann nur die Herstellung:

1) eines Umfuhrgleises, um die Maschine wieder vor den Zug zu bringen;
2) eines Gleises mit Rampe zum Be- und Entladen von Bahnwagen;
3) einer Maschinen- und Wagenstation.

Weil der erste Zug Morgens voraussichtlich immer
von Westerstede ausgehen wird, so musste das Betriebs-
material und Personal hier stationirt werden. Es war
deshalb hier Unterkommen zu schaffen für: 2 Maschinen
und 2 Personenwagen, für die Wasserstation (unter
Dach), sowie für Güterwagen auf freiem Gleise.

Da in Westerstede Familien-Wohnungen für das
Bahndienst-Personal nicht zu haben waren, so musste
man sich entschliessen, zugleich zwei solche Wohnungen
auf dem aussenliegenden sog. Betriebs-Bahnhofe her-
zustellen.

Wie diesen Bedürfnissen entsprochen ist, geht aus
der auf Blatt 3, Fig. 2 dargestellten Anordnung des
Bahn-Endpunktes zu Westerstede hervor. Erläuternd
ist zu dem Plane nur hinzuzufügen, wie der Betrieb
so vor sich geht, dass der Führer, wenn er über
den äusseren (Betriebs-) Bahnhof fährt, stark Dampf
gibt, denselben aber abzuschliessen hat, sobald er auf
die Strasse einbiegt. Der Zug läuft dann durch sein
Beharrungs-Vermögen bis vor die Station, wo derselbe,
nöthigenfalls mit Hülfe der Bremsen, zum Stehen gebracht wird. Nachdem die Personen ausgestiegen, Ge-
päcke und Güter ausgeladen sind, gibt der Führer etwas
Rückwärts-Dampf, worauf der Zug langsam, das Gefälle
hinab, bis auf den äusseren Bahnhof läuft, wo derselbe
in dem einen Strange der Gleisöse so zum Halten gebracht wird, dass die Maschine denselben umfahren,
in das Maschinenhaus gelangen und vor der Abfahrt
an das andere Ende sich setzen kann, um denselben
zum Einsteigen, Beladen etc. wieder langsam vor das
Stationsgebäude zu schieben, von wo die Abfahrt wieder
mit Zuhülfenahme von ein wenig Dampf durch die
Schwerkraft erfolgt. Sind ganze Wagen Stückgüter
zu be- oder entladen, so werden dieselben in das Gleis
vor dem Stationsgebäude gesetzt und dann event. an den
Zug angehängt. Es erfordert das freilich zuweilen eine
besondere Rangirfahrt der Maschine auf der Stadtstrasse;

da solche aber in ganz langsamem Tempo erfolgt, s
hat ein Uebelstand davon seither nicht sich herau:
gestellt, obgleich in letzter Zeit auf der Bahn vie
regelmässige Züge in jeder Richtung befördert werde:
also die Stadtstrasse von diesen schon regelmässig 16m:
täglich befahren wird.

Bei der beschriebenen Anordnung, welche übriger
nicht ohne Widerstand von verschiedenen Seiten zur Au:
führung gelangte, ist vorausgesetzt, dass, sofern ungeacl
tet der vorhandenen genügenden Breite der Strasse n e
b e n der Stadtbahn (von wenigstens 6^m) der Eisenbahr
verkehr in Zukunft als mit dem Strassenverkehre unve:
träglich sich erweisen möchte, auf dem Betriebs-Bahnhof
ein Stationsgebäude — etwa in der auf dem Plan
punktirten Lage, — errichtet werden soll; nac!
den bisherigen Erfahrungen ist aber kaum anzunehmen
dass dieses Projekt jemals zur Ausführung gelange:
wird. Bei einer einstigen Fortsetzung der Bahn nac!
Norden, (etwa in der durch Punktirung angedeuteter
Richtung) würde die ganze Bahnhofs-Anlage umzuändern
sein, sofern man es nicht für zweckmässiger halten
sollte, den Betrieb mittelst Rückstosses zu führen, wie
es z. B. an der Bahn Winkeln-Urnäsch (Schweiz) bei der
Station Herisau in ganz unbedenklicher Weise geschieht.

An Konstruktionen haben die Bahnhöfe — von den
Gebäuden wird später noch die Rede sein, — Bemerkenswerthes nicht aufzuweisen. Die Weiche, ganz der
gewöhnlichen Weiche von Schienen nachgebildet, das
Herzstück (von Hartguss) findet auf Blatt 3, unten,
sich dargestellt, während der ebendaselbst gezeichneten
Anordnung der Westersteder Strassenbahn (Fig. 2, Quer-
schnitt G H) schon oben Erwähnung geschehen ist.

Für eine vollständige Weiche ist den Kosten der
durchgehenden Gleise (das Weichengleis von der Spitze
der Zunge an gerechnet) ein Betrag von 148 Mark
hinzuzusetzen.

Weichen.

Was die Hochbauten anbetrifft, so wurde dem Hochbauten. oben angeführten Bedürfnisse auf Bahnhof Ocholt durch die Errichtung zweier Gebäude entsprochen, von welchen das eine, wie aus der Zeichnung auf Blatt 5 hervorgeht, Stände für eine (allenfalls auch zwei) Maschinen und einen Wagen, und daneben ein Zimmer zum Aufenthalte des wartenden Fahrpersonals nebst der Wasserstations-Einrichtung enthält, während das andere, gleichfalls auf Blatt 5 gezeichnet, zum Unterbringen von etwa 2000 Ctr. Torf, dem ungefähren Jahresbedarfe der Bahn, dient.

Bei der leichten Entzündlichkeit des Torfes konnte hier, wo der Schuppen in unmittelbarer Nähe der fahrenden, mit Torf geheizten und deshalb stark Funken sprühenden Maschinen steht, die, bei den oldenburg'schen, allgemein mit Torf betriebenen Bahnen sonst übliche Konstruktion mit Lattenverschalung der Wände nicht platzgreifen; der Schuppen musste vielmehr dicht mit Brettern verschalt werden, und nur der hohl liegende Boden hat einen Lattenbelag bekommen, um den für das Trockenhalten des Torfes so nothwendigen Luftdurchzug zu ermöglichen. Der innere Raum des Torfschuppens ist durch zwei Lattenwände in drei Theile getheilt, deren jeder mit einer Thür zum Ein- und Austragen des Torfs versehen ist. Diese Abtheilungen haben den wichtigen Zweck einer sicheren Kontrole über das Brennmaterial, indem man nur auf diese Weise über das hineingebrachte und wieder verausgabte Quantum einen sicheren und öfteren Abschluss bekommen kann. Im Uebrigen bietet der Bau Bemerkenswerthes nicht.

Auf dem Betriebs-Bahnhofe Westerstede wurde das Bedürfniss durch das auf Blatt 6 dargestellte Gebäude befriedigt, in welchem Stände für 2 Maschinen, sowie für 2 Wagen, die Wasserstation und 2 Beamtenwohnungen sich befinden. Die Unterbringung aller dieser Räume in einem Gebäude geschah aus Gründen der

Sparsamkeit, welchen einige andere Rücksichten (z. B. die Anordnung der Stallräume nach der Strassenseite, um die Wohnräume nach der Sonnenseite legen zu können), denen sonst mehr Geltung gewährt zu werden pflegt, nachgesetzt werden mussten.

In Bezug auf die Specialitäten ist nur hervorzuheben, dass die Wasserstations-Einrichtung hier wie zu Ocholt aus einem Wasserbottich von Eichenholz von 4 kb^{m} Fassungsraum, einer gewöhnlichen hölzernen Pumpe, welche das Wasser mittelst Metallrohrs aus einem in möglichster Nähe gelegenen Brunnen saugt, aus einem gleichen Rohre mit einfachem Ventil im Boden des Bottichs zum Ablassen des Wassers in die Maschinencisterne, und aus einem in einen Backsteinofen eingemauerten eisernen Schlangenrohre zum Wärmen des Wassers im Bottich, zur Verhinderung des Einfrierens, besteht.

Holz wurde zum Material der Bottiche und Pumpen gewählt, um das bei Metall so leicht eintretende Einfrieren möglichst zu verhindern; der ganze Apparat wurde so einfach wie irgend thunlich gehalten, um in Fällen des Schadhaftwerdens dessen Reparatur mit den am Orte vorhandenen Kräften leicht bewirken zu können.

Die Beamten-Wohnungen sind gleichfalls in einfachster Weise hergestellt und ausgestattet, jedoch geräumig; obgleich in der Ausstattung, (z. B. in den Tischlerarbeiten etc.) vielleicht weniger geschehen ist als bei ähnlichen Miethwohnungen wohl zu geschehen pflegt, dürften dieselben ihrer besseren Anordnung und namentlich ihrer grösseren Geräumigkeit wegen in Bezug auf Gesundheit und Bequemlichkeit der Mehrzahl solcher Wohnungen entschieden vorzuziehen sein.

Die Gebäude bieten in konstruktiver Beziehung irgend Beachtenswerthes nicht; dieselben wurden in Fachwerk (Schwellen: Eichen, übrige Verbandstücke:

Nadelholz) mit Backsteinausmauerung konstruirt, weil diese Bauart als die unter obwaltenden Umständen sicherste und billigste, sich erwies. Es ist in dieser Beziehung anzuführen, dass für den Bauplatz des Westersteder Gebäudes der dort ziemlich mächtig (siehe das Längenprofil Blatt 697) stehende Moorboden bis auf den Sand entfernt werden musste und der zur Bildung eines künstlichen Baugrundes erforderliche Sand erst angefahren werden konnte, nachdem das definitive Bahngleis bis auf den Bauplatz vorgeschoben war; als dieser Sand dann nothdürftig eingeschlämmt war, musste das Gebäude sofort auf denselben gesetzt werden.

Obgleich man hier zu Lande Gebäude (auch an den Eisenbahnen) vielfach massiv mit nur $^1/_2$ Stein starken Wänden herstellt, welche Bauart selbstverständlich billiger ist als der Fachwerksbau, trug man doch Bedenken dieselbe hier anzuwenden, wo, namentlich auf nicht ganz sicherem Grunde und bei Gebäuden mit grossen inneren Hohlräumen (wie der Schuppen), die Stabilität immer mehr oder weniger beeinträchtigt erscheint.

Die Kosten betragen einschl. Einrichtung für:

1) das Maschinenhaus etc. zu Ocholt... 3345 Mark,
2) den Torfschuppen daselbst.......... 1530 „ ,
3) das Maschinenhaus etc. zu Westerstede 7690 „ .

Da für das Betriebsmaterial einer solchen Bahn ausser von der Bröhlthalbahn (Hennef-Waldbroel, preuss. Rheinprovinz) Muster nicht vorlagen, so mussten die Pläne für dasselbe mit besonderer Sorgfalt studirt werden.

Behuf Feststellung der Dimensionen der Lokomotive war zunächst die nothwendige Leistung derselben zu bestimmen. Es wurde dabei ein Zug angenommen, bestehend aus:

Betriebs-material.
Lokomotiven.

1) einem kombinirten Personenwagen (siehe unten),
vollständig besetzt bzw. beladen, wiegend brutto
8000^k (160 Ctr.)

2) einem Wagen III. Klasse (siehe unten),
vollständig besetzt, desgl....... 7500^k (150 „)

3) einem Güterwagen, beladen, desgl. 7500^k (150 „)

was eine Bruttolast des Wagenzuges von 23000^k (460 Ctr.)
ergibt; dazu das Gewicht der Maschine vor-
läufig angenommen zu brutto ....7000^k (140 „)

ergibt ein Gesammtgewicht des Zuges von 30000^k (600 Ctr.)
als die für gewöhnliche Fälle fortzubewegende Maxi-
mal-Bruttolast.

Diese sollte mit einer Geschwindigkeit von 20^{Km}
in der Stunde über die im Wesentlichen ebene, indess
mit Maximalsteigungen von $1:300$ undulirende Bahn
befördert werden.

Um ganz sicher zu gehen, wurde die erforderliche
Zugkraft bei dem, selbst für ungünstige Witterungs-Ver-
hältnisse als hinreichend sicher anzusehenden Reibungs-
Koefficienten von $^1/_7$ (sehr reichlich) zu etwa 850^k
(17 Ctr.) angenommen. Es würde demnach unter der
Voraussetzung, dass alle Räder der Maschine gekuppelt
werden, ein Maschinengewicht von rund 6000^k (120 Ctr.)
ausreichend gewesen sein; dasselbe wurde jedoch
sofort auf 6500^k (130 Ctr.) erhöht, weil die vorange-
nommenen Gewichte von den Maschinenfabriken erfahrungsmässig meistens überschritten zu werden pflegen.

Da die eigene Maschinenverwaltung derzeit durch
Arbeiten für die Staatsbahnen stark in Anspruch genommen war, so musste die Konstruktion der Maschine
nach generellen, dem auf den diesseitigen Bahnen
bewährten Maschinensysteme K r a u s s entsprechenden
Angaben, der Hannoverschen Maschinenbau-Gesellschaft,
vormals Georg Egestorff, welcher die Lieferung der
Maschinen übertragen war, ziemlich selbständig überlassen werden. Da diese Fabrik seither fast ausschliesslich mit dem Bau von Maschinen der schwersten

Kaliber befasst war, und da ferner einige für solche Lokomotiven nicht gewöhnliche Bedingungen gestellt wurden, so ist es begreiflich, dass man in die Verhältnisse so kleiner Maschinen, wie die hier fragliche, schwer sich hineinfand, und dass dieselben, wie schon oben gesagt wurde, nicht unerheblich schwerer als aufgegeben, ausfielen.

Nach der Bestellung sollten die Maschinen: 4 rädrig — die Last auf alle 4 Räder möglichst gleichmässig vertheilt — und als Tender-Maschinen gebaut, zur Führung durch einen Mann eingerichtet werden, im Dienste das Maximalgewicht von 6500^k (130 Ctr.) nicht überschreiten und mit 10 Atmosphären (= 10,305^k auf d. $\square^{zm}$) Dampf-Ueberdruck arbeiten, aussenliegende Cylinder und aussenliegende Steuerung (System Allan) mit Vertheilungsschiebern zu doppelter Einströmung, festes Blasrohr, sowie, der beabsichtigten grösseren Fahrgeschwindigkeit wegen, Räder von 0,75^m Durchmesser und eine Exter'sche Bremse bekommen.

Als dem Systeme Krauss eigenthümlich ist noch anzuführen, dass der Kessel keinen Dom, sondern an dessen Stelle ein innenliegendes Dampfsammelrohr hat.

Um die ohnedies im Dienst schon um 350^k stärker belastete Hinterachse der Maschine nicht noch mehr zu belasten, ist von der Bedeckung des Führerstandes abgesehen und an deren Stelle nur ein Schutzblech angeordnet, was umsomehr zulässig erschien, als der Führer täglich voraussichtlich höchstens 8.20 = 160 Min. oder 2⅔ Stunden, und ununterbrochen nur 20—30 Min. Dienst zu thun hat.

An dem erwähnten Schutzbleche ist die in § 51 der „Grundzüge" vorgeschriebene Signalglocke so aufgehängt, dass der Führer dieselbe durch Bewegen des dieserhalb mit einem Riemen versehenen Klöppels mit der Hand, zum Ertönen bringen kann.

Durchweg ist das beste Material, Kupfer zu der Feuerkiste und Stahl zu den Achsen, Bandagen, Steh-

bolzen und Triebstangen, Feinkorneisen zu den Kesselblechen und Siederohren, vorgeschrieben.

Die Haupt-Verhältnisse der Maschine wurden danach wie folgt festgesetzt:

Cylinderdurchmesser .... 0,165 ^{m}
Kolbenhub...................... 0,305 „
Raddurchmesser .... 0,750 „
Radstand .... 1,500 „
Rostfläche .... 0,270 $\square^m$
Direkte Heizfläche .... 1,800 „
Indirekte Heizfläche............. 14,100 „
Ganze Heizfläche .... 15,900 „
Siederohre, von 44 ^{mm} äusserem, 40 ^{mm}
    innerem Durchmesser und 2250 ^{mm}
    Länge...................... 50 Stück
Dampf-Ueberdruck .... 10 Atmosph.
Wasserraum des Tenderkastens .... 0,7 kb^m
Torfraum für. .... 300^k.

Bei der Ausführung hat das Gewicht dahin sich
geändert, dass

    das Leergewicht der Maschine.. 5455^k (109,05 Ctr.),
    das Gewicht bei gefülltem Kessel 6230 „ (124,60 „),
    desgleichen bei gefüllter Tender-
      cisterne und mit etwa 6 Ctr.
      Torf...................... 7400 „ (148,00 „),
beträgt.

Im Uebrigen sind die Maschinen ganz nach Vor-
schrift und dabei sehr solide und gut ausgeführt; auch
unterliegt es kaum einem Zweifel, dass im Falle einer
neuen Bestellung das Gewicht, event. unter Anwendung
von Stahl zu den Kesselblechen, wenn nicht ganz so
doch nahezu, auf das vorgeschriebene reducirt werden
kann, da die Dimensionen vieler Konstruktionstheile
augenscheinlich eine Verringerung zulassen. Ebenso
wird die für die Abnutzung sehr ungünstige Verschie-
denheit der Belastung der beiden Achsen dann voraussichtlich sich beheben lassen.

Um den Dienst sicher ohne Unterbrechung führen zu können, waren 2 Maschinen erforderlich, welche von der obengenannten Fabrik einschliesslich der zugehörenden Geräthe zum Preise von je 9700 ℳ frei nach Oldenburg geliefert wurden.

In Beziehung auf den Personentransport war man von vornherein der Meinung, dass 2 Wagenklassen vollkommen ausreichend sein würden; an die Normen der Staatsbahn anschliessend, bezeichnete man dieselben als II. und III. Klasse und nahm das Benutzungs-Verhältniss derselben, den dortigen Erfahrungen entsprechend, als etwa 1 zu 3$\frac{1}{2}$ an.

Bei der schmalen Spurweite erschien die bei den Strassen-Omnibus meistens gebräuchliche Anordnung von Langsitzen als die zweckmässigste und empfahl sich namentlich auch deshalb, weil dieselbe das Durchgehen durch die Wagen und damit die grösste Sicherheit der Kontrole bei dem geringsten Begleitpersonale gestattet. Das Durchgehen durch die Wagen wurde als eine nahezu nothwendige Bedingung angesehen, damit der Zugbegleiter unterwegs die Fahrkarten nachsehen und stets an das vordere Ende des Zuges gelangen könne, wo derselbe auf der vorderen Platform des ersten Wagens, behuf etwa nöthigen Beistandes des einzigen Maschinisten, nach beendeter Revision des Zuges in der Regel sich aufstellen soll.

Das Durchgangs-System bedingt Platformen an beiden Enden der Wagen, welche wegen ihrer Kosten und der durch sie hervorgerufenen Verlängerung des Zuges eine unangenehme Beigabe des Systems sind; zur Beschränkung dieses Uebelstandes ist möglichste Länge des Wagens das einzige Mittel, und es war dadurch das sogenannte amerikanische Wagensystem so gut wie gegeben.

Nach mehreren ungünstig ausgefallenen Versuchen mit anderen Projekten wurde dann für die Personen-

wagen auch dieses System adoptirt und in der auf
Blatt 8 dargestellten Konstruktion zur Ausführung gebracht. Danach haben die von 4, in 2 Drehschemeln
(sogen. trucks oder bogie-Gestellen) (Blatt 8 Fig. 5),
vereinigten Achsen getragenen, im Aeussern 1,750 m
breiten Wagen eine Kastenlänge von 9 m, bei einer
Länge zwischen den Bufferhölzern von 10,5 m, und sind
in 2 Arten ausgeführt, nämlich: III. Klasse mit 36
Plätzen, und kombinirte, mit 6 Plätzen II. Klasse,
22 Plätzen III. Klasse und einer zwischen beiden liegenden, zum Durchgehen eingerichteten, den Raum von
8 Personenplätzen einnehmenden Abtheilung für Post,
Gepäck und Kleinvieh.

Die Konstruktion beider Wagenarten ist bis auf
die durch die verschiedene Einrichtung gebotenen Ab-
weichungen genau die gleiche.

Die Erleuchtung der Wagen im Inneren, sowie die
Signalisirung nach aussen erfolgt durch feste Petro-
leum-Lampen, welche in den beiden Endwänden der
Wagen neben den Thüren so angebracht sind, dass sie
nach beiden Seiten hin leuchten.

Das Gewicht stellt sich bei den kombinirten
Wagen auf 5031 k, bei den Wagen III. Klasse auf
4960 k, wonach bei den letzteren auf jeden der 36
Plätze ein Wagengewicht von 138 k = 2,76 Ctr. kommt,
also eine verhältnissmässig sehr geringe todte Last,
da bei den Normalbahnen das Wagengewicht für einen
Reisenden III. Klasse wohl nur selten weniger als 200 k
= 4 Ctr. beträgt.

Einen sehr bedeutenden Antheil am Wagengewichte
haben die Achsen und Räder, indem eine Achse mit
2 Rädern 400 k (8 Ctr.) wiegt. Es war zwar der Durchmesser der Räder aus dem schon bei der Lokomotive
angeführten Grunde zu 0,75 m und der Durchmesser der
Achsen, den „Grundzügen" entsprechend, zu 90 mm in
der Nabe und 55 mm im Schenkel vorgeschrieben, doch

musste bei der geringen erforderlichen Zahl die Konstruktion des Rades selbst der übernehmenden Fabrik überlassen werden, welche dann „schmiedeeiserne Scheibenräder nach Krupp's Patent" (Radsterne anscheinend Stahlguss) wählte und die Radsätze von dem angegebenen grossen Gewichte lieferte. Es ist wahrscheinlich, dass, bei Anwendung der Losh-Form oder einfacher Speichen für den Radstern und sonst zulässiger Verringerung der Dimensionen, das Gewicht einer Satzachse ohne Beeinträchtigung der Solidität um mindestens 100^k, also auf höchstens 300^k (6 Ctr.) sich herabmindern lässt, wodurch der Wagen dann ein Mindergewicht von 400^k (8 Ctr.) bekommen, die todte Last für jede Person also auf 127^k (2,54 Ctr.) herabgemindert werden würde, ein sehr erheblicher Vorzug gegenüber den Normalbahnen, wegen der geringeren Fahrgeschwindigkeit und der kleineren Züge aber auch gewiss zulässig.

Die Konstruktion der Wagen hat im Uebrigen als zweckmässig und im Ganzen bequem sich erwiesen; namentlich hat die gewählte tiefe Lage des Schwerpunktes, sowie die Anwendung der Drehgestelle vollkommen sich bewährt.

Die Bewegung im Fahren ist ruhig und war selbst bei einer, probeweise bis zu 32^{Km} in der Stunde gesteigerten Geschwindigkeit keinesweges rauh oder irgend Besorgniss erregend. Bei einer etwaigen Wiederholung der Ausführung dürfte es sich empfehlen, die für 6 Personen II. Klasse etwas enge Abtheilung um eine Kleinigkeit weiter zu machen, sofern (was hier indess nicht der Fall ist) es öfter vorkommt, dass 6 Personen in derselben unterzubringen sind; ebenso dürfte auch der Gepäckraum etwas zu vergrössern sein, da derselbe, namentlich wegen des eingebauten Kastens für Kleinvieh, nur zur Noth ausreicht. Würde übrigens dadurch der für III. Klasse bleibende Raum zu klein werden, um, wie es hier in der Regel angeht, mit einem kombinirten Personenwagen in jedem Zuge auskommen zu können, so dürfte kaum etwas entgegenstehen den **Wagen** noch um einige Sitzplätze länger zu machen.

Die hier beschafften 2 Stück kombinirten und 1 Stück III. Klasse-Wagen wurden von der Breslauer Aktien-Gesellschaft für Eisenbahnwagenbau, ausschliesslich der Achsen, Räder und Federn, zum Preise von 3924 Mark für einen kombinirten Wagen und 3354 Mark für einen Wagen III. Klasse, beide mit Bremse, frei nach Oldenburg, in durchaus tüchtiger und zufriedenstellender Ausführung geliefert.

Die Radsätze mit Achsen und Radreifen von Gussstahl, für alle Wagen gleich, wurden in der Krupp'schen Fabrik zu Essen die Federn von der Fabrik Asbeck, Osthaus & Co. zu Hagen gefertigt und zu folgenden Preisen frei nach Breslau geliefert:

eine Satzachse zu . . . . 182 Mark,

eine Trag- (Horn-) Feder zu . . . . 10,30 „ ,

eine Zug- und Stoss- (Evolut-) Feder zu 1,30 „ ,

wonach also die Wagen (frei bis Oldenburg) sich stellen:

ein kombinirter Wagen auf rund . . . . . . 4595 Mark,

ein Wagen III. Klasse . . . . 4125 „ .

Güterwagen. Zum Gütertransport sind bedeckte u. offene Güterwagen, letztere je nach den Umständen mit Hoch- und Niederbord zu gebrauchen, beschafft. Da es im vorliegenden Falle um den gleichzeitigen Transport grösserer Massen nur ausnahmsweise sich handelt, so musste hier der 4rädrigen Konstruktion der Vorzug vor der 8rädrigen gegeben werden, welche im anderen Falle wahrscheinlich auch zweckmässig zu wählen gewesen sein würde.

Die Wagen finden sich auf den Blättern 9 und 10 dargestellt. Ueber die Konstruktion ist Weiteres kaum hervorzuheben, als dass, bei der im Verhältniss zum Durchmesser der Räder tiefen Lage des Wagenbodens, die über denselben vorstehenden Raddecken hier ebenso wenig wie bei den Personenwagen Unzuträglichkeiten veranlasst haben, wogegen die tiefe Lage des Schwerpunktes auch hier in gleich günstiger Weise sich geltend macht.

Die Wagen sind geeignet, alle gewöhnlich vorkommenden Transport - Artikel, (also auch Grossvieh) zu laden und dabei meistens auch die volle Tragfähigkeit auszunutzen.

Das Gewicht der Güterwagen, der bedeckten sowohl als offenen (letztere mit Aufsatzbords) beträgt bei einer Ladungsfähigkeit von 5000^k (100 Ctr.) im Durchschnitt 2500^k (50 Ctr.).

Das Verhältniss der Tara zur Bruttolast hat sich bei denselben gegenüber der Normalspur also nicht in gleichem Maasse günstig gestellt wie bei den Personenwagen. Es ist dieserhalb hier indess hervorzuheben, dass ausser an den Rädern, (siehe oben) durch eine sorgfältige Prüfung aller Dimensionen der ausgeführten Wagen an diesen selbst, wahrscheinlich auch bei mehreren anderen Konstruktionstheilen Reduktionen einzuführen sein würden, welche, ohne die Solidität der Wagen zu beeinträchtigen, dieselben leichter zu machen gestatten, eine Maassregel, deren Ausführung nicht dringend genug empfohlen werden kann.

Von den beschafften 2 Stück bedeckten und 4 Stück offenen Güterwagen lieferte die oben genannte Breslauer Fabrik die ersteren und C. Stahmer, Schmiede, Stellmacherei und Holzschneiderei zu Georg-Marienhütte bei Osnabrück die letzteren.

Die Kosten betragen:

1) für einen bedeckten Güterwagen ohne Achsen, Räder und Federn frei bis Oldenburg 1178 Mark,

    2 Satzachsen dazu von Krupp, einschliesslich Fracht bis Breslau . . 364 „ ,

    4 Stück Trag- (Horn-) Federn dazu, einschliesslich Fracht nach Breslau 17,20 „ ,

    1 Stück Zug- und Stoss- (Evolut-) Feder dazu, desgleichen . . . . 1,30 „ ,

             Im Ganzen 1560,50 Mark.

2) für einen offenen Güterwagen, wie
oben....................   700   Mark,
2 Satzachsen, 4 Stück Tragfedern
und 1 Stück Evolutfeder, wie oben   382,50 „ ,

Im Ganzen 1082,50 Mark.

Zu diesen Preisen kommen dann noch einige Kosten für den Transport Oldenburg-Ocholt, für Abladen, Montiren, kleine Abänderungen und Ergänzungen hinzu.

Kuppelung. Für die **Kuppelung** wurde das Einbuffersystem, im Wesentlichen nach dem bewährten Muster der norwegischen Schmalbahnen gewählt. Dieselbe ist, wie aus der Zeichnung auf Blatt 10 Fig. 4 und 5 ersichtlich, elastisch und für das Ankuppeln selbstwirkend, während das Loskuppeln, nach dem Zurückwerfen der Kettenkugel, durch Heben des Kuppelhakens von Hand, oder mittelst einer kleinen Kette von der Platform aus geschieht. Die Kettenkugel ist ein wesentlicher Bestandtheil der Kuppelung; dieselbe hat in Norwegen dies System erst eigentlich zweckmässig gemacht, indem sie das dort früher nicht selten vorgekommene Ausspringen des Kuppelhakens mit Erfolg verhindert. Zur Nothkuppelung sind an jedem Wagenende zwei Kettchen mit Haken vorhanden; dieselben werden aber nur dann eingehängt, wenn die Hauptkuppelung beschädigt ist. Die Kuppelung hat auch hier vollständig sich bewährt.

Wenn hier mitgetheilt werden kann, dass das vorbeschriebene Betriebs-Material in allen wesentlichen Punkten den Anforderungen entsprochen und bisher in vollem Maasse sich bewährt hat, so soll damit nicht zugleich auch gesagt sein, dass dasselbe nicht mancher Verbesserungen noch fähig sei, wie das bei einer Erstlingsarbeit überhaupt nicht anders zu erwarten ist und im vorliegenden Falle kaum anders erwartet werden konnte, da die Projektirung des gesammten Materials unter dem Drange anderer Geschäfte gewissermaassen nebenher zu bewirken war.

Die feinste Ausbildung des Betriebs-Materials, namentlich in Beziehung auf das Gewicht und einfache wie solide Bauart, muss für Bahnen solcher Art als ein Punkt von grosser Bedeutung bezeichnet werden. Was davon bisher vorhanden ist, dürfte grösstentheils zu schwer und deshalb zu theuer in der Anschaffung und zu kostspielig im Betriebe sein, Eigenschaften von denen namentlich die letztere bisher längst nicht in ihrer vollen Bedeutung gewürdigt zu werden pflegt. Es muss in dieser Beziehung immer wieder darauf hingewiesen werden, dass bei den Eisenbahnen bisher der Grad von Vollkommenheit längst nicht erreicht ist, welchen die allerdings viel älteren Strassenfuhrwerke aufweisen, deren Sicherheitsgrad, wenn man die sehr abweichende Inanspruchnahme berücksichtigt, doch ein geringerer als der der Bahnfuhrwerke gewiss nicht ist, bei denen aber der verhältnissmässig geringere Materialaufwand durch zweckmässige Konstruktion, bestes Material und tüchtigste Ausführung vollständig ausgeglichen wird, — weshalb solcher Praxis mit den bisher meistens sehr massiv gebauten Eisenbahnfahrzeugen mehr sich anzuschliessen, nur angelegentlich empfohlen werden kann.

4) Bauausführung.

Auf Andringen der Gesellschaft wurde im Früh- Bauausführung. jahr 1876 der Bahnbau, wenn auch einigermaassen vorbereitet doch nicht mit der Ueberlegung und vollständigen Uebersicht aller einschlagenden Verhältnisse in Angriff genommen wie eine mit den geringsten Mitteln zu bewirkende Herstellung solche erfordert hätte; nach langen mühseligen Vorbereitungen war man endlich ungeduldig geworden und wollte Erfolge sehen!

Die landespolizeiliche Projekt-Prüfung ging Projekt-Prüfung. ohne Schwierigkeiten vorüber weil Seitens der Grossherzoglichen Regierung ein durchaus sachgemässer Maassstab angelegt und von den Bahnanliegern in richtiger Erwägung der Verhältnisse Unbilliges nicht verlangt wurde. Uebrigens wurden von der Bau-Verwaltung nur das öffentliche Interesse berührenden Punkte zur Sprache gebracht, alles Uebrige aber im Wege der Privat-Verhandlung mit den einzelnen Interessenten erledigt, eine Praxis, welche die Erledigung dieses oft sehr schwierigen Punktes sehr vereinfachte und beschleunigte und desshalb zu empfehlen ist.

Grunderwerb. Der Grunderwerb ging in soweit ohne Schwierigkeiten von Statten als man, Dank dem lokalen Interesse, welches an die Bahn sich knüpfte, sofort in der ersten Verhandlung die Verfügung über das erforderliche Terrain erhielt, wodurch der Ausführung des Baues erheblicher Vorschub geleistet wurde. Der definitive Erwerb des Bodens kam, wenn auch nicht so leicht, schliesslich doch ganz im Wege der Güte-Verhandlungen zu im Ganzen angemessenen Preisen zu Stande, ein Erfolg, welchen im vorliegenden Falle selbst mit einigen Opfern herbeiführen zu sollen man umsomehr gemeint war, als bei einer ohne Bewachung betriebenen Bahn auf ein gutes Einvernehmen der Verwaltung mit allen Anliegern grosses Gewicht zu legen ist.

Die Feststellung der Entschädigungen geschah zunächst nach Einheitssätzen unter Zusage einer fünfprozentigen Verzinsung des Entschädigungskapitals vom Tage des Angriffs der einzelnen Terrain-Parzellen bis zur baaren Auszahlung der Entschädigung. Nach beendigten Erdarbeiten wurde dann das erforderliche Terrain eingegrenzt, vermessen und nach Berechnung der erworbenen Flächen der Betrag der Entschädigung genau ermittelt. Inzwischen wurden auf Wunsch der Interessenten auch Abschlagszahlung bis zu $^2/_3$ des von der Bauverwaltung geschätzten Entschädigungsbetrages bei geleisteter genügender Sicherheit gewährt.

Behuf Ausführung der Erdarbeiten wurde die

eine Kante der Bahn zunächst mit starken Stations-
Pfählen versehen, welche hoch genug waren, um
die projektirte Schienenkopfhöhe an dieselben tragen
zu können. Bei Abträgen von nicht mehr als
1,5 Tiefe, wurden an den Stationspunkten Löcher ge-
graben, in diese die Pfähle gesetzt und die Hö-
hen gleichfalls angetragen. Nachdem dies geschehen
und nachdem bei weniger übersichtlichen Terrain-
bildungen auch die vollständige Profilirung des Bahn-
körpers stattgefunden hatte, wurde dann an der Hand
des Planes draussen an Ort und Stelle genau geprüft:
ob die auf dem Papier projektirte Anlage sowohl der Bahn-
Nivellette wie auch der Trace, unter den gegebenen
Terrainverhältnissen wirklich die zweckmässigste und
empfehlenswertheste sei? wo nicht, so wurde eine an-
gemessene Abänderung selbst dann vorgenommen, wenn
dadurch einiger Zeitverlust und Kostenaufwand für
das Umprofiliren entstand. Da es unmöglich ist: alle
einschlägigen Verhältnisse und Umstände, selbst auf
den vollständigsten Plänen so genau darzustellen und
beim Projektiren zu berücksichtigen als es nothwendig
ist um nicht unnöthige Arbeiten auszuführen, deren
Kosten im Verhältniss zu den überhaupt auszuführenden
leicht erheblich werden können, so empfiehlt diese Art
der Project-Prüfung sich unbedingt; man wird dabei
bald finden, dass in vielen Fällen an Erdarbeiten etc.
manches, oft sehr erheblich sich sparen lässt ohne die
Gradiente und sonstige Verhältnisse der Bahn irgend
ungünstiger zu gestalten.

Auf sorgfältigste Profilirung der Baustrecken nach
definitiv festgestellter Gradiente und Trace ist der
grösste Werth zu legen, weil solche für die tüchtige
und ökonomische Ausführung eine Hauptvorbedingung
ist.

Die Erdarbeiten wurden, wie bei den hiesigen Erdarbeiten.
Bahnen allgemein gebräuchlich, in Regie ausgeführt,
d. h. sie wurden von der Bauverwaltung direkt an

solche Leute verdungen, welche sie selbst ausführen,
an sogenannte Schachtmeister, selbständige Arbeiter-
Kolonnen und selbst einzelne Arbeiter. Die Verdin-
gung erfolgt in der Weise, dass der ausführende Beamte
(Sections-Ingenieur) die Strecke in einzelne zweckmässig
begrenzte Arbeitsloose theilt, die in denselben auszuführenden Arbeiten nach direkter Aufmessung
der Profile berechnet und unter Zugrundelegung
gegebener Normalpreise die Accorde aufstellt. Diese
werden dann den für die betreffende Arbeit geeigneten
Schachtmeistern angeboten und in der Regel von denselben auch ohne Weiteres übernommen, da die Leute
meistens ständige, zum Theil langjährig beschäftigte
Arbeiter, der Bauverwaltung vertrauen.

Der vom Schachtmeister als Zeichen der Ueber-
nahme der Arbeit zu unterschreibende Accordzettel
enthält eine genaue Spezifikation der auszuführenden
Arbeiten nebst den für dieselben zu gewährenden Ein-
zelpreisen und die sich ergebenden Summen. Ausnahmsweise ist auch gestattet das Arbeitsquantum auf
Grund nachträglicher Messung festzustellen resp. zu
berichtigen und danach die Endsumme des Accordes
definitiv zu bestimmen.

Die Grösse des Accordes richtet sich nach der
Art der Arbeit und sonstigen Umständen und soll in
der Regel so bemessen werden, dass der Annehmer
denselben in einer Zahlungsperiode oder längstens in
2 solchen abarbeiten kann. Die Grösse der Accord-
summe schwankt in der Regel zwischen 250 und 1000
Mark. Den Schachtmeistern wird in der Regel das
sämmtliche zur Ausführung der Arbeit erforderliche
Geräth, bis auf das selbst zu haltende Handgeräth,
event. auch Material, Seitens der Bauverwaltung geliefert und erhalten; fehlt es der Bauverwaltung, etwa
bei grösserem Andrange von Arbeitskräften, an Arbeits-
geräth, so wird ausnahmsweise auch einzelnen eigenes
Geräth besitzenden Schachtmeistern die Benutzung ge-

stattet und eine entsprechende Entschädigung dafür gewährt.

Für den Fall, dass, wie es vielfach geschieht, —
in der Geräthehaltung eine unnütze Verweitläuftigung
der Geschäfte erblickt werden sollte, mag hier bemerkt
werden, dass dieselbe, da man doch ein Mal eine
Bauführung haben muss, weder in dieser Beziehung
noch auch hinsichtlich der Kosten in's Gewicht fällt;
dagegen macht das eigene Geräth die Verwaltung von
Unternehmern unabhängig und ist ein wesentliches
Mittel für billige Arbeit, letzteres einestheils weil man
dann dafür sorgen wird, dass mit zweckmässigem
und ausreichendem Geräth gearbeitet wird und
anderntheils weil man in der Wahl der Arbeitskräfte
nicht beschränkt ist.

Wenn im vorliegenden Falle für die Geräthebe-
schaffung auch einige Erleichterung darin lag, dass
die Bauverwaltung an die der Staatsbahnen sich anlehnen konnte, so ist man doch der Ansicht, dass das
Bauobjekt schon ein sehr kleines (ein noch kleineres
als das hier fragliche) sein müsste, wenn die Anschaffung eigenen Geräthes nicht als vortheilhaft und
zweckmässig sich erweisen sollte.

Beim Bau wird Zahlung an die Arbeiter alle 14
Tage geleistet, wo möglich stets Voll- unter Umständen
aber auch Abschlagszahlung. Von jeder gezahlten Mark
Arbeitslohn sind 2 Pfennig in eine bauseitig nach be-
stehendem Statut unter Zuziehung einiger Arbeiter
verwaltete Krankenkasse abzuführen. Aus dieser Krankenkasse werden den Arbeitern ausser Arzt- und
Apotheke, Verpflegungsgelder in Krankheits- und Ver-
letzungsfällen gewährt.

Die Bauführung hat dafür zu sorgen, dass Unter-
brechungen in der Arbeit für die Schachtmeister nicht
entstehen, so zwar, dass in dem Augenblicke wo ein
Accord aufgearbeitet ist, ein anderer wieder begonnen

werden kann, — eine wesentliche Bedingung für billige Arbeit und Heranziehung und Haltung eines tüchtigen Arbeiterstammes.

Die Ausführung der Erdarbeiten erfolgte ganz in der gewöhnlichen Weise, doch wurden die theuren Handkarrentransporte dadurch thunlichst beschränkt, dass mittelst solcher da, wo irgend längere Transporte auszuführen waren nur ein ganz schmales Planum hergestellt wurde, auf welches die Bahn zur Noth gelegt werden konnte, die weitere Anschüttung erfolgte dann auf der Bahn selbst mittelst Bahnwagen, von je $1\,\text{kb}^\text{m}$ Inhalt, welche theils von Hand, theils durch Pferde und zuletzt mit der Maschine bewegt wurden. Durch eine solche Disposition wurde ermöglicht, dass kein Kubikmeter Boden abgelagert zu werden brauchte und die aus den Einschnitten nicht erfolgende Auftragsmasse aus Grabenerbreitungen entnommen und dadurch zugleich für Trockenlegung und Einfriedigung gewirkt werden konnte.

Da Erdtransportwagen wegen des theilweise auf grössere Entfernung zu bewirkenden Transportes von Bettungssand sowie wegen der Anschüttung des Betriebs-Bahnhofes vor Westerstede überhaupt nicht entbehrt werden konnten, so wurden deren sofort bei Beginn des Baues 10 Stück (und 1 Stück Schienenwagen ohne Kasten) beschafft, und zwar durch Ankauf und geringe Umänderung von, bei den Staatsbahnen vorhandenen alten Erdwagen von $0{,}62^\text{m}$ Spur, unter theilweiser Verwendung der für die definitiven Wagen beschafften Achsen und Räder. Gleichwohl verursachte die Anschaffung dieser Wagen einen Kostenaufwand von .... 2982 Mark
während die aller übrigen Geräthe ...... 1032 „

zusammen 4014 Mark
erforderte.

Der verbliebene Werth derselben, welcher voraussichtlich bei Inangriffnahme anderer Bauten wieder zu realisiren sein wird, ist geschätzt auf 2250 Mark, so dass der wirkliche Aufwand für Geräthe auf 1764 Mark sich stellt.

Verarbeitet wurden an der ganzen Bahnstrecke einschliesslich der Bahnhöfe und des Bettungssandes an Erdmasse 29486 kb^m, also pro lfd.^{m} Bahnlänge 4,21 kb^m.

Die Gesammtkosten der Erdarbeit, einschliesslich der Bahnbettung betrugen incl. des Verlustes am Ge-räthekonto.. 19358,26 Mark

demnach die Kosten pro kb^m....... 0,60 „

„ „ „ „ lfd.^{m} Bahn. 2,77 „

die Kosten der Geräthe-Vorhaltung allein

pro kb^m.. 0,10 „

Wegen der verhältnissmässig geringen Masse sind die Geräthekosten keineswegs niedrig, doch ist sehr zu bezweifeln, dass ein Unternehmer die Vorhaltung der Geräthe für diesen Satz übernommen haben würde, woraus die Zutreffenheit der oben ausgesprochenen bezüglichen Ansicht zur Genüge hervorgehen dürfte.

Der oben pro kb^m angegebene Kostenpreis ist ebensowenig als niedrig anzusehen, als die pro kb^m Bahn für die Erdbewegung sich ergebende Masse. Es rührt das indess weder von den oben erwähnten weiteren Transporten — die vollständige Deckung der Auf- durch die Abträge wird in der Regel die geringste zu verarbeitende Masse und bei zweckmässiger Aus-führung der Arbeit auch die geringste Kostensumme ergeben, noch von zu hohen Löhnen her, welche per Ar-beitschicht zwischen 2,7 und 3 Mark durchschnittlich schwankten, noch auch von einer unmotivirten Höhenlage der Gradiente, — sondern viel mehr von dem Um-stande, dass die Ausführung von mancherlei Män-geln nicht frei war, indem sie, namentlich Anfangs, in den bei den Eisenbahnen leider mehr oder weniger üblich gewordenen Gebräuchen sich bewegte, nach welchen es häufig nicht darauf ankommt: ob auf einem laufenden Meter Bahn so viel Masse unnütz bewegt wird als hier das ganze Objekt ist, und nach welchem die doppelte Erdbewegung weil meistens doppelten Lohn bringend, eine keineswegs unbeliebte Maassregel der Uebernehmer ist, — Fehler, welche bei so kleinen Massen sofort erheblich in's Gewicht fallen.

Die Ausführung der im Ganzen geringen Maurerarbeiten, der sogenannten Kunstbauten, erfolgte sehr einfach in der Weise, dass das sämmtliche Geräth und Material von der Bauverwaltung an Ort und Stelle geliefert und die Arbeit, ganz wie oben bei den Erdarbeiten geschildert, an eine in dergleichen Werk geübte kleine Maurer-Kolonne verdungen wurde. Wo grössere Grundgrabungen erforderlich waren, wurden dieselben mit der Ausführung der Erdarbeiten in zweckmässige Verbindung gebracht.

Für Durchlässe der hier fraglichen Art ist der Preis der Backsteinarbeit einschl. Mörtelbereitung und Handlanger für 1000 Steine (von $23.11.5^{zm}$) 12,00 Mark,

oder f. d. kb^m zu je 550 Steinen . . . . . 6,60 „ ,

für die grössere Brücke über die Aue desgl. 10,00 „ ,

oder f. d. kb^m zu je 550 Steinen . . . . . 5,50 „ .

Das Legen des Oberbaues erfolgte durch einen seit vielen Jahren mit solcher Arbeit vertrauten Schachtmeister, und zwar in gleicher Weise wie bei den Erdarbeiten unter Zulieferung des gesammten Geräthes, welches, für die Arbeit passend, eigens beschafft wurde. Beim Legen folgte man dem hier allgemeinen Gebrauche, das Material auf der eben gelegten Bahn nachzuführen, ein Verfahren, welches, wenn wohl organisirt, das Vorlegen und Fertigstellen von 300 lfdn. Meter Oberbau täglich gestattet, ohne die Arbeit zu übereilen.

Da es im vorliegenden Falle der Erdarbeiten wegen erwünscht war die hintere Bahnstrecke benutzen zu können ehe man mit dem Vorlegen dahin gelangen konnte (es fehlte für den Augenblick an Arbeitskräften), so wurde das Oberbau-Material per Landfuhr beige-

schafft und die Strecke von Stat. V 150 bis Bahnhof
Westerstede incl. selbstständig vorgelegt und das Ge-
stänge hernach zusammengehauen.

Die Schienen-Auflager der Schwellen wurden auf
den Lagerplätzen derselben durch Hobeln mittelst einer
eigens für diesen Zweck beschafften Hobelbank hergestellt, und die Schwellen dann zugleich mit den
Schienen zum Vorlegen angebracht. Das bei den
Oldenburgischen Bahnen allgemein gebräuchliche sogen.
Krampenspurmaass (Blatt 4, Figur 15) wurde
auch hier gebraucht. Das verstählte kräftige Maul
desselben umfasst den Kopf der Schiene an beiden
Seiten, während die Stange desselben so stark ist (hier
25^{mm}), dass sie nicht verbogen werden kann, wenn
das Spurmaass in der Nähe der Nagelstelle während
des Eintreibens der Nägel überliegt, wie das stets
der Fall sein soll. Wegen des leichten Federns der
schwachen, überhaupt kaum ganz gerade an Ort und
Stelle zu bringenden Schienen ist es unbedingt zweckmässig, dieses Spurmaass künftighin so einzurichten,
dass die beiden Krampen bis zum Schienenfusse hinab-
reichen und auch diesen beiderseits fassen, wodurch
es sehr erleichtert werden wird, der etwa federnden,
oder vielleicht etwas windschiefen Schiene die richtige
Neigung zu geben und dieselbe fest zu nageln.

Der Umstand, dass das Bahnplanum wegen zu
langer Erdtransporte vielfach nur für das Bahnlegen
nothdürftig ausreichend hergestellt werden konnte und
dass der zur Unterbettung der Schwellen erforderliche
magere Sand nicht überall sich vorfand, bedingte, dass
der Oberbau auf längere Strecken nicht gleich in der
normalen Höhe gelegt werden konnte. Derselbe wurde
dann aber, nachdem der nöthige Sand angefahren war,
sofort auf die richtige Höhe gehoben, gerichtet und fest
unterstopft, ehe weitere Transporte auf demselben zu-
gelassen wurden. Dieses meistens sehr gescheute Verfahren wurde hier (ebenso wie bei den hiesigen Nor-

malbahnen) ohne irgend erhebliche Unzuträglichkeiten vielfach angewendet und kann Angesichts der dadurch zu erzielenden erheblichen Ersparungen bei sorgfältiger Ausführung unbedenklich anempfohlen werden, obgleich die Kosten der ersten Unterhaltung einer so gelegten Bahn höher sich stellen, als wenn das Gleis auf eine vollständig fertige und sogar schon abgelagerte Bettung gestreckt wird.

Diese Art des Baubetriebes bedingt indess, dass das Oberbau-Material zeitig zur Hand ist, dass durch das Fehlen von Kunstbauten Hindernisse nicht entstehen, und dass das nöthige Transportgeräth (Wagen und Maschinen) sofort bei, oder bald nach Beginn des Baues verfügbar ist. Unter diesen Voraussetzungen kann dann ausser den schon angedeuteten Ersparungen auch eine nicht unerhebliche Abkürzung der Bauzeit erzielt und dem Betriebe zugleich eine bereits eingefahrene Bahn überliefert werden.

Da die Kosten des Oberbaues schon oben angegeben sind, so bleibt hier nur nachzufügen, dass an Arbeitslohn gezahlt wurde:

1) für Auf- und Abladen des Materials, Legen, Unterstopfen, Richten und rauhes Ausfüllen des Gleises bei bis auf volle Höhe vorhandener Bettung und seitwärts liegendem Füllmaterial f. d. lfdn. Met. 0,25 Mark;

2) für Transport des Oberbau-Materials für je 100 laufende Meter Gleis auf je 100^{m} Transport-Entfernung . . . . 0,42 Mark;

3) für das Heben des auf Formations-Höhe gelegten Oberbaues bis zur richtigen Höhe, rauhes Verfüllen mit Sand einschl. Abladen desselben, Unterstopfen und Ausrichten der Bahn für den lfdn. Meter 0,40 Mark;

4) für das Legen einer Weiche eine Zulage zu dem Akkordpreise für das Gleislegen, die Länge beider Gleise gerechnet, ... 30 Mark.

Diese Preise setzen allerdings geschickte und in

ihrem Fache erfahrene Schienenleger voraus, wie sie hier zu Gebote standen.

Ungeachtet der schweren Probe, welcher der Oberbau bei der beschriebenen Herstellung und sofortigen Benutzung, selbst für Maschinentransporte, ausgesetzt wurde, hat derselbe doch vollkommen gut sich gehalten. In den ersten Tagen des regelmässigen Betriebes brach zwar eine Schiene (durch das dem einen Ende zunächst sitzende Laschenbolzenloch), doch entstand daraus keinerlei Unzuträglichkeit. Jetzt nach viermonatlichem regelmässigen Bahnbetriebe, während dessen allerdings unausgesetzt nach Bedarf ausgerichtet wurde, zeigt das Gleis eine ganz normale Beschaffenheit und ist so weit konsolidirt, dass die fernere Unterhaltung der Betriebsverwaltung übertragen werden konnte.

Leider sind wegen nicht ganz korrekter Lochung der Schienen und Laschen bei dem eiligen Legen des Gleises mehrere Schienen-Zwischenräume etwas grösser ausgefallen, als sie sein sollten. Dank dem leichten Betriebs-Materiale und der geringeren Fahrgeschwindigkeit macht dieser auf manchen Bahnen so störend auftretende Mangel hier selbst dem Gehöre kaum sich bemerkbar.

Gelegt wurden im Ganzen:

  Gleise........ 7755 lfde. Meter,
  Weichen...... 12 Stück.

Bei der Ausführung der Hochbauten wurde vom Principe der reinen Regie-Ausführung insofern abgegangen, als bei denselben die Arbeit einschl. des erforderlichen Holzmaterials an einen sogenannten Unternehmer in Pausch-Akkord gegeben wurde, weniger weil man davon einen besonders günstigen Erfolg sich versprach, als weil man es augenblicklich bequemer fand. *Hochbauten.*

Da der Unternehmer der Sache Nichts hinzubrachte, was die Bauverwaltung nicht ebenso gut selbst hätte leisten können, so war der Erfolg, dass man schliesslich sich sagen musste, es sei besser gewesen, von der Regel nicht abzugehen. Uebrigens sind die Gebäude den Plänen entsprechend und im Ganzen gut ausgeführt worden.

Betriebsmaterial und Ausrüstung. Schon oben wurde gesagt, dass die Ausführung und Lieferung des Betriebsmaterials in durchaus zufriedenstellender Weise erfolgte, auch hat dasselbe bisher vollständig sich bewährt.

Es ist hier nur noch hinzuzufügen, dass, obgleich das sämmtliche veranschlagte Material nicht sofort beschafft wurde, dasselbe doch für den augenblicklichen Verkehr mehr als ausreichend ist, ja sogar (etwa unter Hinzufügung noch einiger Güterwagen) für den Betrieb einer 30—40^{Km} langen unter ähnlichen Verhältnissen liegenden Bahn ausreichen würde, ein Umstand, welcher weiter unten bei den Kosten nochmals zur Sprache kommen wird.

Die übrigen Ausrüstungsgegenstände, als Laternen etc. sind die üblichen; es ist deren Anschaffung indess auf das möglichst geringe Maass beschränkt.

Signal-Vorrichtungen sind bisher nicht ausgeführt worden, scheinen unter vorliegenden Verhältnissen auch überflüssig, was vorläufig auch von dem allerdings in Aussicht genommenen electrischen Telegraphen gilt.

5) Gesammtkosten der Bahn.

Die Gesammtkosten der Bahn gehen aus der nachfolgenden Zusammenstellung hervor, zu welcher zu bemerken ist, dass die wirklichen Ausgaben etwas höher als die angeführten sich ergeben, weil ein Betrag von etwa 7000 Mark für Oberbau-Material ausgegeben ist, welches bereits bestellt war, ehe die oben S. 18 besprochene Abkürzung der Linie beschlossen wurde, aber später nicht zur Verwendung kam und dem Reservefond überwiesen wurde.

Zusammenstellung aller Ausgaben.

Gegenstand der Ausgaben.	Gesammtkosten im				Kosten f. d. Kilometer im	
	Einzelnen		Ganzen		Einzelnen	Ganzen
	$\mathcal{M}$	$\mathcal{J}$	$\mathcal{M}$	$\mathcal{J}$	$\mathcal{M}$	$\mathcal{M}$
I. Expropriation.						
1. Landankauf....	—	—	18353	85	2622	2622
II. Erdarbeit.						
2. Herstellung des Planums.......	12868	40			1838	
3. Bettung	6030	—	18898	40	862	2700
III. Kunstbauten.						
4. Brücke über die Aue..........	2207	—			315	
5. Kleinere Durchlässe	2204	30	4411	30	315	630
IV. Oberbau.						
6. Material.......	62225	—			8889	
7. Arbeitslohn....	6418	40	68643	40	917	9806
V. Hochbauten.						
8. Bahnhöfe......	12868	3			1838	
9. freie Strecke ..	—	—	12868	3	—	1838
VI. Betriebsmaterial.						
10. Ausrüstung der Bahn..........	44122	69	44122	69	6303	6303
VII. Nebenanlagen.						
11. Einfriedigungen	5154	15			736	
12. Wegeanlagen ..	1805	4			255	
13. Signalvorrichtungen	17	75	6976	94	3	994
VIII. Geräthe.						
14. Erdtransportgeräth	1048	50			150	
15. Anderes Geräth	716	50	1765	—	102	252
IX. Vorarbeiten.						
16. Ausarbeitung des Bauplanes, Bauführung etc.	3333	—	3333	—	480	480
X. Generalkosten.						
17. Zinsen während der Bauzeit, Geldbeschaffungskosten, Konstituirung der Gesellschaft..	3159	51	3159	51	451	451
Im Ganzen.......	—	—	182532	12	—	26076

Hätte die Bahn eine Länge von 35^{Km}, so würden nach dem oben Gesagten die Kosten nur betragen .... | 21034

6) Betriebsdienst.

Betriebsdienst.

Der Betriebsdienst wird unter Beirath des Gesellschafts-Vorstandes von der Grossherzoglichen Eisenbahn-Direktion zu Oldenburg geleitet und von deren ausführenden Organen, der Grossherzoglichen Eisenbahn-Betriebs-Inspektion bezw. der Maschinenverwaltung geführt.

Bahnerhaltung und Aufsicht.

Die Beaufsichtigung und Unterhaltung der Bahn erfolgt bisher lediglich durch bez. unter Leitung des zu Ocholt stationirten Bahnmeisters der Staatsbahn, welcher die Bahn wöchenlich zwei Male gegen Entgelt von je 1 Mark in der einen Richtung zu begehen und in der anderen zu befahren und dabei die etwa nöthigen Reparatur-Arbeiten anzuordnen hat.

Ausserdem sind Lokomotivführer und Zugbegleiter angewiesen, die Bahn sets genau zu beachten und etwa bemerkte Mängel bei der Ankunft in Ocholt dem Bahnmeister und in dessen Abwesenheit dem Stationsvorsteher sofort zu melden, eine Einrichtung, welche bisher als ausreichend sich erwiesen hat. Ueber die Unterhaltungsarbeiten hat der Bahnmeister Rechnung zu führen und dieselbe monatlich der Betriebs-Inspektion vorzulegen.

Fahrdienst.

Zur Wahrnehmung des Fahrdienstes sind auf Kündigung, übrigens mit den Rechten dieser Kategorie der Angestellten der Staatsbahn, angestellt:

a) Ein Zugbegleiter, in Beziehung auf den Transportdienst der erste Bahn-Beamte, zu Westerstede stationirt und im Dienstgebäude auf dem äusseren Bahnhofe wohnhaft.

Derselbe bezieht, neben Dienstwohnung, welche ihm jährlich mit 36 Mark berechnet wird, und Uniform, eine Remuneration von monatlich 75 Mark, einschl. der genannten Emolumente berechnet zu 82,17 Mark. Derselbe hat ohne weitere Vergütung täglich Dienst zu thun (die Züge zu begleiten, Gepäck und Post zu Ocholt zwischen den Zügen zu transportiren u. s. w.)

und wird nur jeden dritten Sonntag durch einen von Oldenburg auf Kosten der Gesellschaft gesandten Ersatzmann abgelöst.

b) Zwei M a s c h i n i s t e n, in Beziehung auf den Transportdienst dem Zugbegleiter, sonst der Grossherzoglichen Betriebs-Inspektion bezw. Maschinenverwaltung untergeordnet. Beide sind zu Westerstede stationirt, einer derselben bewohnt die zweite Wohnung im dortigen Dienstgebäude. Dieselben beziehen eine monatliche Remuneration

der erste baar .... 80,00 Mark,
einschl. Wohnung und Dienst-
    kleidung, entsprechend...... 91,50 „ ;
der zweite baar.............. 90,00 „ ,
einschl. Dienstkleidung........ 91,50 „ .

Dieselben haben ohne weitere Vergütung Woche um Woche der eine den Fahrdienst wahrzunehmen, der andere die Maschine zu putzen bezw. den Kessel zu reinigen, Wasser zu pumpen, die Weichen auf der Station gangbar zu halten und zu stellen, das Verladen zu leiten u. s. w.

Im Uebrigen werden die Geschäfte zu Westerstede vertragsmässig von dem Stationswirth O e t k e n und zu Ocholt von dem dortigen Bahnhofs-Personale wahrgenommen.

Die angeführten drei Bediensteten sind aus der Zahl der seit mehreren Jahren im Betriebsdienste der Staatsbahn beschäftigten und als durchaus zuverlässig bekannten Leute (Bremser, Feuerleute etc.) entnommen, welche wegen mangelnder Vorbildung, vorgerückten Alters oder sonstiger formellen Gründe bei der Staatsbahn zu einer Anstellung nicht gelangen können, welche man aber gleichwohl mit vollem Vertrauen an einen solchen Posten stellen konnte. Dieselben finden in der ihnen gewährten Stellung eine Bevorzugung, sind mit ihrer verhältnissmässig guten Einnahme zufrieden und suchen eine Ehre darin, das in sie gesetzte

Lokomotiv-dienst.

Vertrauen zu rechtfertigen und den an sie gestellten Anforderungen in jeder Weise zu entsprechen.

Fahrplan. Da der Verkehr von Westerstede nach Oldenburg gravitirt, so schliessen die Züge vorwiegend an die in der Richtung von und nach Oldenburg die Station Ocholt passirenden Züge der Staatsbahn an. Anfangs geschah dies an drei derselben, so zwar, dass zu jedem derselben ein Zug von Westerstede ankam und unmittelbar nach dem Passiren desselben einer dahin wieder abging. Seit dem 25. November v. J., dem Tage der Eröffnung der Oldenburg-Niederländischen Verbindungsbahn Ihrhove-Neuschanz, ist dann in gleicher Weise ein vierter Zug an einen gegen Mittag in der Richtung von Leer nach Oldenburg die Station Ocholt passirenden Staatsbahn-Zug gelegt worden, um — namentlich wegen der Geschäfte beim Amte, — den Bewohnern von Apen und Umgegend, die Benutzung der Bahn zu ermöglichen. Es sind das freilich im Verhältniss zu dem Verkehre viele Züge, doch waren dieselben, soll die Bahn ihren Zweck ganz erfüllen, füglich nicht zu vermeiden.

Der Fahrplan ist so eingerichtet und wird es voraussichtlich auch immer sein, dass der erste Zug Morgens von Westerstede ausgeht und der letzte Abends dorthin zurückkehrt, weshalb Maschinen und Personal auch in Westerstede stationirt sind.

Zwischen den Zügen wird in Ocholt aus dem dort befindlichen Magazine der Bedarf an Torf und Oel eingenommen.

Betriebsführung. In der Regel fährt der Zug nur mit einem combinirten Personenwagen, da derselbe für den Verkehr (die Frequenz der Zwischenhaltestelle ist sehr unbedeutend) meistens ausreicht, auch Verlegenheit nicht entstehen kann, indem an jedem Endpunkte ein Reservewagen steht.

Güter werden, sofern solche vorhanden sind, mit jedem Zuge befördert und ist der Andrang bisher noch nie so stark gewesen, dass die Maschine den Zug nicht sehr bequem hätte befördern können.

Bei Gelegenheit des Westersteder Marktes im Oktober wurden in einem Zuge, allerdings unter Benutzung des gesammten Betriebsmaterials (2 Maschinen und 9 Wagen) ca. 300 Personen von Ocholt nach Westerstede ohne allen Anstand befördert.

Die planmässige Fahrzeit des Zuges zwischen Ocholt und Westerstede (7 ^{Km}) incl. des Anhaltens an dem Zwischenpunkte Südholz, beträgt 20 Minuten (ca. 20 ^{Km} per Stunde) wird aber häufig nicht gebraucht. Da lange Strecken der Bahn ohne Wege - Uebergänge sind, so glaubte man diese verhältnissmässig geringe Fahrzeit ohne Bahnbewachung um so mehr zulassen zu können, als der in der Regel sehr kleine Zug rasch zum Halten zu bringen ist. Rücksichtlich der Zugkraft würde es keine Bedenken haben die Fahrzeit auf 14 bis 15 Minuten (30 ^{Km} per Stunde) zu ermässigen.

Die Zugsignale sind die gewöhnlichen, zur Abfahrt und zum Bremsen wird gepfiffen, als Achtungssignal für das Publikum wird in der Nähe der Wege-Uebergänge vom Lokomotivführer die Glocke geläutet.

Der Betriebsdienst der Bahn, einschliesslich der Stadtstrecke, geht sehr regelmässig von Statten und hat bisher Mängel nicht erkennen lassen, welche Veränderungen in der Organisation oder in der Ausführung des Dienstes nothwendig oder wünschenswerth erscheinen liessen.

7) Reglements und Tarife.

Während bis zu der etwa erfolgenden Regelung dieser Angelegenheit durch die Landes- bezw. Reichsregierung bezüglich der Bahnpolizei, theils die hier geltenden allgemeineren Polizeivorschriften, soweit sie zweckmässig Anwendung finden können, theils die in den mehrerwähnten „Grundzügen" für die „Hand-

Reglements und Tarife.

habung des Betriebsdienstes", getroffenen **Be**-stimmungen massgebend sind, hat übrigens das **Be**-**triebs-Reglement** für die Eisenbahnen Deutschlands unbeschränkte Gültigkeit.

Der **Tarif** der Strecke ist möglichst einfach kon-struirt; es sind demselben nicht bestimmte Einheitssätze zu Grunde gelegt, sondern unter Berücksichtigung der lokalen Verhältnisse abgerundete Sätze gegriffen.

Das **Personenfahrgeld** zwischen Ocholt und Westerstede beträgt in zweiter Wagenklasse 0,50, in dritter Klasse 0,30 Mark; zwischen der in der Mitte gelegenen Haltestelle Südholz und den Endpunkten 0,30 bez. 0,20 Mark. Diese Sätze stellen sich höher als die auf der Oldenburgischen Staatsbahn eingeführten Per-sonentarife, welche auf den niedrigen Einheitssätzen von $7\frac{1}{2}$, $4\frac{1}{2}$ bezw. 3 Pfennigen für den Kilometer in der 1., 2. und 3. Wagenklasse basiren.

Der vor der Eröffnung der Bahn zwischen Wester-stede und der Bahnstation Zwischenahn bestehende Omnibus kostete für die einzelne, mindestens $1\frac{1}{2}$ Stunden in Anspruch nehmende Fahrt 0,75 Mark, während die Kosten des Gütertransportes zwischen 0,10 bis 0,15 Mark pro Zentner schwankten.

Retourkarten werden im Lokalverkehr der Ocholt-Westersteder Bahn nicht ausgegeben, wohl aber im direkten Verkehr mit Stationen der Oldenburgischen Staatsbahn, (weil dort einmal gebräuchlich) in welchem bei Feststellung der direkten Fahrgeldsätze die vollen vorbenannten Fahrpreise mit den Tarifsätzen der Staats-bahn zusammengestossen wurden.

Bei der Gepäckbeförderung wird Freigewicht nicht gewährt und die Fracht mit 3 Pfennigen für je an-gefangene 10 Kilogr. für die ganze Bahnstrecke, mit einem Minimalsatze von 10 Pfennigen berechnet.

Für kleineres Vieh wird eine Fracht von 0,25 Mark, für Grossvieh von 1 Mark pro Stück durch die ganze Bahnlänge, berechnet.

Bei der Tarifirung von Gütern, deren Transport-
kosten auf der Chaussee zwischen Westerstede und
Zwischenahn früher zwischen 0,10 und 0,15 Mark pro
Zentner schwankten, ist das Wagen-Raumsystem in
Anwendung gebracht. Es werden berechnet:

1) für Güter aller Art in Sendungen unter 2000 Kilgr.
   0,20 Mark pro 100 Kilgr.;
2) für Güter aller Art in Sendungen von mindestens
   2000 Kilgr., oder wenn die Fracht für dieses
   Gewicht gezahlt wird 0,15 Mark pro Kilgr.;
3) bei Berechnung der Fracht nach der Wagentragkraft à 5000 Kilgr.:
   - a. für bedeckte Wagen 5 Mark
   - b. „ offene „ 4 „

   für die im Oldenburgischen Lokaltarife als
   sperrig bezeichneten Güter wird, falls nicht die
   Berechnung der vollen Wagentragkraft (sub 3)
   vorgezogen wird, anderthalbfache Fracht berechnet.

Mit dem vorbezeichneten Modus für die Tarifirung
von Gütern ist der Uebelstand verbunden, dass sich
die Tarifsätze für Wagenladungsgüter mit den auf der
Oldenburgischen Staatsbahn bestehenden Classifikations-
tarifen nicht wohl kombiniren lassen, und direkte Tarifsätze deshalb nur für Stückgut eingeführt werden
konnten. Es unterliegt deshalb zur Zeit der Erwägung:

   ob bei der in Aussicht stehenden Einführung eines
   einheitlichen deutschen Tarifsystems dieses nicht
   auch für Ocholt-Westerstede in Anwendung zu
   bringen sei? Bei Berechnung einer Expeditions-
   gebühr von 0,60 Mark pro Tonne würde sich voraussichtlich im Durchschnitt der bestehende Satz
   ergeben.

8) Bisherige Erfolge.

Zunächst darf konstatirt werden, dass es nicht

allein gelungen ist, die Bahn für die veranschlagt
Kostensumme zu bauen und in Betrieb zu setzen, sonder
auch, dass von der letzteren noch ein Ueberschuss vor
baar .... 41268 Marl
  und in Oberbau-Material und Geräthen
  angelegt .... 9250 „

zusammen 50518 Marl
verblieben ist, welcher dem statutenmässig zu bildender
Reserve- und Erneuerungsfond zu überweisen sein wird
so dass eine Dotirung desselben aus den Erträgnisser
des Unternehmens voraussichtlich nicht erforderlich ist

Sodann ist hervorzuheben, dass die für das Jahr
auf 5475 Thlr. veranschlagte Einnahme der Bahn durch
die in den ersten 4 Betriebsmonaten — 1. September
bis letzten December 1876 — aufgekommene Summe
von 5899,19 Mark sogar mit 424,19 Mark überschritten ist.

Die Einnahme setzt sich wie folgt zusammen:

Personenverkehr:	Einnahme:	
1) 10806 Stück Einzelkarten mit.. ..	3301,70	Mark
2) 3262 Stück Retourkarten mit	1083,80	„
3) 2 Stück Abonnementskarten mit...	4,20	„
4) Gepäck-Verkehr	56,82	„
5) Vieh-Verkehr....................	28,75	„
6) Güterverkehr, 612 440^k...	963,59	„
7) Für die Beförderung der Post.....	320,00	„
8) Miethe für Erdtransportwagen.....	140,33	„

Gesammt-Einnahme 5899,19 Mark,
was bei 5628 gefahrenen Nutzkilometern eine Einnahme
für den Nutzkilometer von 1,20 Mark ergibt.

Wenn auch nicht verkannt werden mag, dass ein
Theil dieser Einnahme aus der Frequenz entstand,
welche die Neuheit der Sache der Bahn zuführte, so
darf doch hervorgehoben werden, dass während der
ersten 40 Tage des Betriebes Güterverkehr nicht statt-
fand, und daher zugleich auch wohl angenommen werden, dass die aus dem Wegfall der ersterwähnten Ein-

nahmequelle entstehende Einbusse durch anderen Verkehr wieder ausgeglichen werden wird.

Ist man auch weit entfernt davon, hinsichtlich des Wachsens des Verkehrs unbegründeten Hoffnungen sich hinzugeben, so lässt der Umstand, dass die Betriebs-Eröffnung für den Güterverkehr ganz unvorbereitet eintrat, dass die Tarife nicht geregelt waren etc., doch einiges Wachsen dieses Verkehres mit Sicherheit annehmen.

Was die Betriebskosten betrifft, so wurden dieselben bei Aufstellung des Projektes gleichzeitig mit jener Einnahme auf jährlich 3000 Thlr. veranschlagt.

Thatsächlich haben die Ausgaben in den 4 Betriebs-monaten des verflossenen Jahres betragen:

1) Löhne des Personals...............	1007 Mark
2) Für Ablösung des Zugbegleiters.....	61 „
3) 1186 Ctr. Torf zu 0,48 Mark........	569 „
4) Oel zum Schmieren der Maschinen und Wagen, zur Erleuchtung u. dgl......	211 „
5) Geschäftskosten (Bureau - Bedürfnisse, Diäten etc.)......................	203 „
6) Löhne für Weichensteller, für Wasser-pumpen in die Maschinen und Torf-tragen auf dieselben..............	353 „
7) Löhne für Güterverladen...........	74 „
8) Sonstige kleinere Ausgaben.........	368 „
Im Ganzen	2846 Mark.

Bei rund 5700 gefahrenen Zugkilometern stellen die Kosten für den Zugkilometer auf $\frac{2846}{5700} = 0{,}50$ Mark sich heraus. Davon entfallen:

auf den Brennmaterial-Verbrauch der eigentlichen Fahrt: 7^k zum Preise von 0,067 Mark, für Anheizen und Rangiren: 3^k „ „ „ 0,029 „ ,

10^k „ „ „ 0,096 Mark,

auf den Oelverbrauch .... 0,014 „ .

Da die Bahn-Unterhaltung bis zum 1. Januar 1877 zu Lasten des Baues beschafft ist, so sind in obiger Summe dafür Kosten nicht mit enthalten; solche werden für die Zukunft hinzukommen. Ebenso werden Reparaturkosten für Maschine und Wagen entstehen, auch kann, da die Staatsbahn mit unentgeltlicher Leistung des Dienstes auf der Station Ocholt nur in soweit eintritt, als solcher von dem früher vorhandenen Personal der Station mit wahrgenommen werden kann, dort ein Kostenaufwand eintreten.

Die Betriebskosten werden deshalb für 1877 voraussichtlich wie folgt sich stellen:

1) Löhne des bisherigen Personals wie oben für das Jahr................	3120	Mark
2) Ergänzung des Personals zu Ocholt und Ablösung des Zugbegleiters	1000	„
3) Löhne für Weichenstellen, Wasserpumpen etc. in Westerstede........	900	„
4) Löhne für Güterverladen	225	„
5) Bahnerhaltung, durchschnittlich 2 Mann täglich, 600 Arbeitertage zu 2 Mark	1200	„
6) Remuneration des Bahnmeisters.....	104	„
7) 4200 Ctr. Torf zu 0,48 Mark.......	2016	„
8) Oel zum Schmieren und Erleuchten .	750	„
9) auf 21000 Zugkilometer (täglich 4 Züge in jeder Richtung und einige Extrazüge) Reparaturkosten der Maschinen und Wagen zu 0,075 Mark........ .	1575	„
10) Geschäftskosten...................	600	„
11) Unvorhergesehene Ausgaben........	168	„

Gesammt-Ausgabe 11658 Mark.

Ergibt Ausgabe für den Bahnkilometer 1665,4 „
das ist für den Zugkilometer bei 4 täglichen Zügen in jeder Richtung $= 365 \times 7 \times 4 \times 2 = 20440$... .... 0,57 „
also für die Meile $= 0{,}57 \times 7{,}5$ .... 4,28 „

Für normalspurige Bahnen betragen die Kosten für die Z u g m e i l e

bei den Oldenburg'schen Staatsbahnen (1875) 11,48 Mark,

bei der Hannoverschen Staatsbahn (1874) . 24,53 „

bei der Westfälischen „ (1874) . 25,65 „

Die Einnahme der Bahn angenommen zu 21000 „
wie das nach der bisherigen Erfahrung
füglich geschehen kann, und davon ab-
gezogen die obige Ausgabe mit...... 11658 „

ergibt einen Reinertrag von 9348 Mark

und eine Verzinsung des w i r k l i c h v e r w e n d e t e n Anlage-Kapitals von rund 182 600 Mark zu 5,15 %.

Nimmt man an, dass der Reservefonds
bis auf die in Oberbau-Material und
Geräthen angelegte Summe von .... 9250 Mark,

also die Baarsumme von .... 41268 „

zu $4^1/_2 \%$ verzinslich belegt werden kann,
so erträgt derselbe an Zinsen...... 1857 „ .

Rechnet man diesen Betrag dem oben
zu 9348 Mark ermittelten Reinertrage
hinzu, so reicht die daraus sich
ergebende Summe von .... 11205 „

aus, um das Nominal-Kapital der Gesellschaft von .... 223800 „

mit 5,01 % zu verzinsen, ein Ergebniss, welches, wenn erreicht, die kühnsten Erwartungen übertreffen dürfte. Ob dasselbe erreicht werden wird? hängt von den beiden Faktoren: Einnahme und Betriebsausgabe ab, von welchen die erstere ganz ausserhalb der Berechnung liegt, die letztere aber derselben in sofern leicht sich entzieht, als, wie die Erfahrung fast ausnahmslos gezeigt hat, die Anforderungen an eine Eisenbahn und die Geneigtheit denselben nachzukommen, sofort erheblich steigen wie die finanziellen Verhältnisse einigermassen günstig sich gestalten.

Ein g ü n s t i g e r e s als das obige Resultat wird, da mit etwa steigenden Einnahmen auch die Ausgaben

wachsen, und da bei älter werdendem Material der
Bahn die Erhaltungskosten in geometrischem Verhältniss sich erhöhen, ganz abgesehen von anderen mit
der Zeit kaum vermeidlichen Ausgabe-Steigerungen, —
für die Bahn kaum in Aussicht genommen werden
können, indem nach den bisherigen Erfahrungen eine
Erhöhung der Einnahmen durch Vermehrung der Züge
nicht zu erzielen sein wird.

Gleichwohl dürfte es im öffentlichen Interesse
liegen, die Bahn durch bessere Ausnutzung des
Betriebsmaterials und Personals gemeinnütziger
zu machen. Solches würde durch eine Verlängerung
derselben in südlicher Richtung bis Friesoythe, dem
etwa 23 ^{km} von Ocholt entfernten Hauptorte und Amts-
sitze der Landschaft Sagterland, zu ermöglichen sein.
Diese Bahnverlängerung könnte zunächst den Zweck
verfolgen: die Staatsbahn aus den in dieser Richtung gelegenen ausgedehnten Ocholter und
Godensholter Mooren (siehe die Situation Bl. 1)
mit billigem Torf zu versorgen und sodann die Förde-
rung der Kultur des Sagterlandes in's Auge fassen,
welche bisher sehr viel zu wünschen übrig lässt, wesentlich in Folge des Umstandes, dass die ganze
Landschaft wegen der hohen Kosten des Chausseebaues
in dieser ganz steinarmen Gegend, der Kunststrassen
noch ganz entbehrt.

Wie in südlicher, so ist zwar auch in nördlicher
Richtung eine Verlängerung auf den anliegenden Situa-
tionsplänen angedeutet, doch liegt hierfür zur Zeit
kaum eine Aussicht einstiger Verwirklichung vor.

Aufgabe der betheiligten Kommunen sowie der
Staatsregierung wird es sein, zunächst zu untersuchen
ob für eine Verlängerung der Bahn in südlicher Richtung genügende Gründe sprechen? und ob, event. in
welchem Maasse auf eine Staats-Subvention zu rechnen
sein wird? Kann diese nicht ungefähr die Höhe der
Kosten eines Chausseebaues erreichen, so wird selbst

in Anbetracht der, durch den Torftransport für die Staatsbahn gesichert erscheinenden Rentabilität der ersten Strecke, der Bau der Bahn durch ein bisher kaum bewohntes Land überhaupt nicht auszuführen sein.

9) Schluss.

Wenn, wie damit dem Urtheile des geehrten Lesers verstellt wird, mit der beschriebenen Bahn einiger Erfolg erzielt ist, so hat dieses Resultat, wie ausdrücklich hervorzuheben der Verfasser hier nicht unterlassen will, bei dem in Rede stehenden kleinen Unternehmen nur dadurch erreicht werden können, dass dasselbe an die Verwaltung der Oldenburg'schen Staatsbahnen so eng als geschehen, sich anlehnen durfte. Nicht allein, dass demselben dadurch die bewährten Kräfte der meistens langjährigen Mitarbeiter des Verfassers, Ober-Bauinspektor Meyer (für die Planlegung und Bauausführung), Ober-Regierungsrath Ramsauer und Oberinspektor Scheffler (für die allgemeinen Geschäfte und für die Expropriation), Baurath Wolff sowie Maschinenmeister Tenne und Ranafier (für das Betriebsmaterial), sowie Baurath Schmidt und Oberbetriebs-Inspektor Niemeyer für die Einrichtung und Leitung des Betriebes, zugeführt wurden, welchen Herren damit seinen Dank öffentlich auszusprechen dem Verfasser eine angenehme Pflicht ist, — sondern es trat zugleich auch der ganze Apparat einer wohlorganisirten Eisenbahn-Verwaltung für die kleine Bahn mit in Thätigkeit.

Wer mit den Erfordernissen und allen Einzelheiten eines Eisenbahn-Unternehmens von Beginn bis zu dessen vollem Funktioniren nur einigermaassen vertraut ist, für den wird es des Hinweises auf die obige Reihe von Namen kaum bedürfen um darin mit dem Verfasser übereinzustimmen, dass viel Wissen, Können und Thun dazu gehört um das anscheinend so einfache Ziel glücklich, d. h. unter Erfüllung aller gestellten Bedingungen, zu erreichen. Wenn damit keineswegs gesagt sein soll, dass Gleiches nicht auch durch eine oder einige Personen ebenso gut erreicht werden könne, so darf doch auch hervorgehoben werden, dass solche Persönlichkeiten, zur Zeit wenigstens, nicht gerade häufig zu finden sind und deshalb für kleine Unternehmungen, namentlich für solche von der hier in Rede stehenden Ausdehnung etwa, in der Regel schwer zu haben sein werden. Gleichwohl liegt nach des Verfassers ganz unmassgeblicher Ansicht das Wohl und Wehe einer solchen Eisenbahn-Unternehmung zunächst und zwar vorwiegend in der Hand des technischen Leiters derselben und muss deshalb Korporationen oder anderen Unternehmern, sofern dieselben nicht an eine bereits bestehende Eisenbahn-Verwaltung sich anlehnen können, dringend empfohlen werden, einer in dieser Spezialität unzweifelhaft tüchtigen leitenden Kraft von vornherein sich zu versichern. Da das in der Regel nur möglich sein wird, wenn das Unternehmen eine Ausdehnung hat, welche in dieser Beziehung einigen Aufwand tragen kann, so darf vor zu kleinen derartigen Unternehmungen im Allgemeinen gewiss mit gutem Grund gewarnt werden, es sei denn, dass für dieselben von vornherein Persönlichkeiten verfügbar sind, welche (ohne dass sie gerade professionelle Techniker sein müssten) für das Gelingen eine genügende Garantie bieten.

Möge das Gesagte dazu beitragen Missgriffe in dieser Richtung zu verhindern! dieselben könnten bei heutiger Lage der Sache leicht dahin führen, die durch ein einzelnes Beispiel (wie das vorliegende) kaum als erwiesen anzusehende Möglichkeit: den Eisenweg und die Dampfkraft selbst in die kleine Transportindustrie mit Erfolg einzuführen, wieder in Zweifel zu stellen oder gar als illusorisch erscheinen zu lassen.